ΣBEST シグマベスト

シグマ基本問題集

化学基礎

文英堂編集部 編

CHEMISTRY

文英堂

特色と使用法

◎**『シグマ基本問題集 化学基礎』**は，問題を解くことによって教科書の内容を基本からしっかりと理解していくことをねらった**日常学習用問題集**である。編集にあたっては，次の点に気を配り，これらを本書の特色とした。

学習内容を細分し，重要ポイントを明示

学校の授業にあった学習をしやすいように，「化学基礎」の内容を21の項目に分けた。また，**テストに出る重要ポイント**では，その項目での重要度が非常に高く，必ずテストに出そうなポイントだけをまとめた。必ず目を通すこと。

「基本問題」と「応用問題」の２段階編集

基本問題は教科書の内容を理解するための問題で，**応用問題**は教科書の知識を応用して解く発展的な問題である。どちらも小問ごとに できたらチェック 欄を設けてあるので，できたかどうかをチェックし，弱点の発見に役立ててほしい。また，解けない問題は ガイド などを参考にして，できるだけ自分で考えよう。

特に重要な問題は 例題研究 として取り上げ， 着眼 と 解き方 をつけてくわしく解説している。

定期テスト対策も万全

基本問題のなかで定期テストで必ず問われる問題には テスト必出 マークをつけ，**応用問題**のなかで定期テストに出やすい応用的な問題には 差がつく マークをつけた。テスト直前には，これらの問題をもう一度解き直そう。

くわしい解説つきの別冊正解答集

解答は答え合わせをしやすいように別冊とし，**問題の解き方が完璧(かんぺき)にわかるようくわしい解説をつけた**。また， テスト対策 では，定期テストなどの試験対策上のアドバイスや留意点を示した。大いに活用してほしい。

本書では，「化学」の範囲だが「化学基礎」と関連が深く，授業やテストに出てくることが考えられる内容も ◘ マークや 発展 マークをつけて扱った。ぜひ取り組んでほしい。

もくじ

1 物質の成分と元素

✪ テストに出る重要ポイント

- **物質**…天然の物質の多くは，種々の純物質が混じった混合物からなる。
  - **純物質**… 1 種類の物質からなる ➡ **融点・沸点・密度が一定。**
  - **混合物**… 2 種類以上の物質が混合 ➡ **融点・沸点・密度が変化する。**
- **混合物の分離**…混合物は次の操作で成分物質(純物質)に分離できる。
  - ① **ろ過**…液体中に混じっている**固体をろ紙で分離**する。
  - ② **蒸留**…液体を加熱して気体にし，**冷却して再び液体として分離**する。
  - ③ **分留**…液体の混合物を**沸点の差**によって分離する。
  - ④ **再結晶**…温度による**溶解度の差**を利用して分離する。
  - ⑤ **抽出**…ある物質を溶かす**溶媒によって分離**する。
  - ⑥ **昇華法**…固体混合物から**直接気体になりやすい物質を分離**する。
  - ⑦ **クロマトグラフィー**…吸着剤への**吸着力の違いで分離**する。

〔海水の蒸留〕

温度計
枝つきフラスコ
海水(混合物)
沸騰石
金網
リービッヒ冷却器
水道水
アダプター
蒸留水(純物質)

- **元素**…物質を構成する基本的成分で，約120種ある。➡ **元素記号**で示す。

〔元素の検出例〕

- ① **炎色反応** ➡ Na；黄色　K；赤紫色　Ca；橙赤色　Ba；黄緑色　Cu；青緑色
- ② **沈殿反応**…硝酸銀水溶液を滴下 ➡ 白色沈殿(塩化銀 AgCl)
  ➡ 塩素 Cl(Cl^-)の存在。

〔炎色反応〕

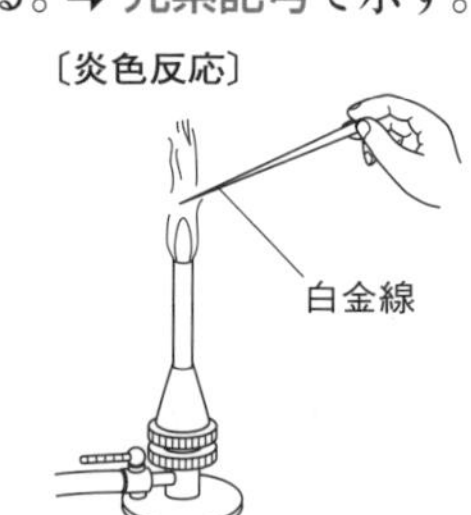

※バーナーの外炎に入れて反応させる。

- **単体と化合物**…純物質は単体と化合物に分類。
  - **単体**… **1 種類の元素**からなる物質。
  - **化合物**… **2 種類以上の元素**からなる物質。
- **同素体**…同じ元素からなる単体で，性質が互いに異なる物質。

例

S		C		O		P	
	斜方硫黄(最も安定)		ダイヤモンド(電気を通さない)		酸素		黄リン(有毒)
	単斜硫黄		黒鉛(電気を通す)		オゾン		赤リン(毒性;少)
	ゴム状硫黄		フラーレン				

できたらチェック。

基本問題

解答 ➡ 別冊 p.2

□ **1 混合物と純物質**

次の物質を，混合物と純物質に分類せよ。

ア　窒素　　イ　空気　　ウ　海水　　エ　エタノール
オ　ダイヤモンド　　カ　鉄　　キ　粘土　　ク　石油
ケ　ドライアイス　　コ　牛乳

ガイド　ドライアイスは固体の二酸化炭素である。

2 混合物の分離

次の混合物の分離(1)～(5)を行うには，下のア～カのどの方法が最も適しているか，それぞれ選べ。

□ (1)　原油からガソリンをとる。
□ (2)　白濁した消石灰の水溶液(石灰乳)から透明な石灰水を得る。
□ (3)　ヨウ素の混じった砂から，ヨウ素をとる。
□ (4)　少量の食塩を含む硝酸カリウムの結晶から純粋な硝酸カリウムを得る。
□ (5)　海水から純水を得る。

ア　ろ過　　イ　蒸留　　ウ　分留　　エ　再結晶
オ　抽出　　カ　昇華法

ガイド　ヨウ素の結晶は，直接気体になりやすい。

3 蒸留装置　テスト必出

右図は食塩水の蒸留装置を示したものである。これについて次の問いに答えよ。

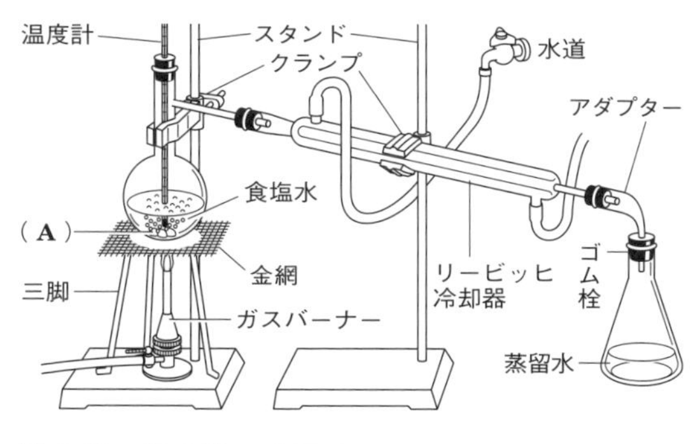

□ (1)　この装置に誤っているところが3か所ある。どこか指摘せよ。
□ (2)　(A)は突沸を防ぐために入れる。(A)は何か。
□ (3)　食塩水と蒸留水について，次の①，②の違いを示せ。
　①　炎色反応の色　　②　硝酸銀水溶液を滴下したとき

ガイド　(3) 食塩水は，水に NaCl が溶けている。

4 元素の検出

次の(1)～(3)から，化合物 A ～ C に含まれていると推定できる元素名を示せ。

□ (1) 化合物 A を燃焼させたとき，生じた気体を石灰水に通じると白濁した。

□ (2) 化合物 B を水に溶かし，硝酸銀水溶液を滴下すると白濁した。

□ (3) 化合物 C を白金線につけて炎の中に入れると，炎の色が黄色になった。

ガイド　石灰水に CO_2 を通じると白濁する。

□ 5 単体と化合物

次の物質を，単体と化合物に分類せよ。

ア　金　　イ　メタン　　ウ　水素　　エ　硫酸

オ　ダイヤモンド　　カ　水　　キ　オゾン　　ク　アンモニア

6 元素と単体 テスト必出

次の記述中の酸素は「元素」「単体」のどちらを示しているか。

□ (1) 空気は，窒素や酸素の混合気体である。

□ (2) 地殻中の約46％は酸素が占めている。

□ (3) 水は，水素と酸素からなる。

□ (4) 水を電気分解すると，水素と酸素が得られる。

ガイド　元素は物質の成分，単体は１種類の元素からなる物質である。

□ 7 同素体

次のうち，互いに同素体の関係にある組み合わせを 2 つ選べ。

ア　フッ素と塩素　　イ　一酸化炭素と二酸化炭素　　ウ　酸素とオゾン

エ　カリウムとナトリウム　　オ　ダイヤモンドと黒鉛

できたらチェック。

応用問題

解答 → 別冊 p.3

□ **8** ある液体に関する次の①～④のうち，この液体が混合物でなく，純物質であることを，最もよく示しているのはどれか。

① 全体が均一な白色の液体である。

② 水に完全に溶け，無色透明な水溶液になった。

③ 冷却しはじめて全部凝固し終わるまで，凝固点が変わらなかった。

④ 冷却してできた固体も均一な無色の固体となった。

9 次の(1)～(6)の分離は，あとのア～カのどの方法と最も関係が深いか。

□ (1)　空気を冷却して液体空気として，酸素を分離した。

□ (2)　黒色インクに含まれるいくつかの色素をそれぞれ分離した。

□ (3)　食塩水から水を分離した。

□ (4)　泥水から水を分離した。

□ (5)　大豆を砕いてエーテル中に浸して油脂を分離した。

□ (6)　高温の飽和水溶液を冷却して析出する固体を分離した。

ア　ろ過　　イ　分留　　ウ　蒸留

エ　抽出　　オ　再結晶　　カ　クロマトグラフィー

□ **10** **差がつく** 次の記述ア～オの下線部が，単体でなく，元素の意味に用いられているものを選べ。

ア　アルミニウムはボーキサイトを原料としてつくられる。

イ　アンモニアは窒素と水素から合成される。

ウ　競技の優勝者に金のメダルが与えられる。

エ　負傷者が酸素吸入を受けながら，救急車で運ばれる。

オ　カルシウムは歯や骨に多く含まれる。

ガイド　単体は物質そのものであり，元素は物質の成分である。

11 次の物質ア～スのうち，下の(1)～(6)にあてはまるものを選び，記号で示せ。

ア　空気　　イ　塩化ナトリウム　　ウ　ドライアイス

エ　海水　　オ　ダイヤモンド　　カ　エタノール

キ　水酸化ナトリウム　　ク　塩化カルシウム

ケ　ヘリウム　　コ　砂　　サ　黒鉛

シ　鉛　　ス　炭酸カルシウム

□ (1)　混合物はどれか。すべて示せ。

□ (2)　混合物のうち，分留によってその成分物質に分離できるものはどれか。

□ (3)　純物質のうち，単体はどれか。すべて示せ。

□ (4)　純物質のうち，互いに同素体の関係にあるものはどれとどれか。

□ (5)　純物質のうち，黄色の炎色反応を示すものはどれか。すべて示せ。

□ (6)　純物質のうち，その水溶液に硝酸銀水溶液を滴下すると，白色の沈殿を生じるものはどれか。すべて示せ。

2 物質の状態変化

★ テストに出る重要ポイント

- **粒子の熱運動**
  ① **熱運動**…物質を構成している粒子(原子・分子・イオンなど)が，その温度に応じて行っている運動。
  ➡ 粒子の熱運動は，**物質の温度が高いほど激しい**。
  ② **拡散**…物質の構成粒子が熱運動によって自然に広がっていく現象。
- **物質の三態**…物質は**固体**・**液体**・**気体**の3つの状態(三態)がある。
  ➡ どの状態をとるかは，**粒子間の引力と熱運動の大小関係**で決まる。
- **状態変化と熱運動**
  ① **状態変化**…温度や圧力の変化による三態間の変化を**状態変化**という。

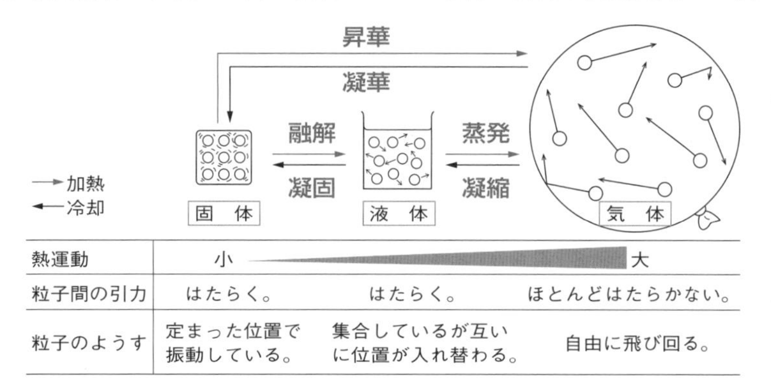

熱運動	小 ―――――――――――――――――――― 大		
粒子間の引力	はたらく。	はたらく。	ほとんどはたらかない。
粒子のようす	定まった位置で振動している。	集合しているが互いに位置が入れ替わる。	自由に飛び回る。

  ② **物理変化と化学変化**…状態変化のような，**物質の種類が変わらない**変化は**物理変化**，**物質の種類が変わる**変化は**化学変化**(化学反応)。
- **状態変化と温度**
  ① **融点・凝固点**…加熱した固体が融解する温度が**融点**。
  ➡ 冷却した液体が凝固する温度が**凝固点**。
  ② **沸点**…液体を加熱していくと，液体の内部からも蒸発が起こるようになる。これが**沸騰**で，そのときの温度が**沸点**。

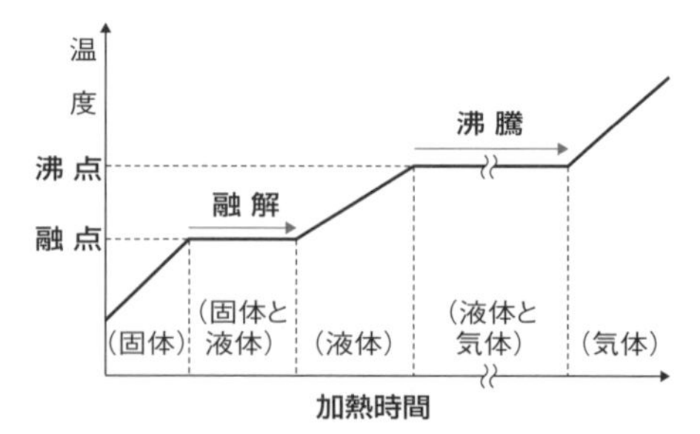

基本問題

解答 → 別冊 p.3

12 粒子の熱運動

できたらチェック。

粒子の熱運動に関する次の(1)〜(3)の問いに答えよ。

□ (1)　粒子が不規則な熱運動により，空間に広がっていくことを何というか。

□ (2)　(1)の現象の速さと温度との関係として，最も適当なものはどれか。

ア　温度が低いほど，粒子が空間に広がっていく速さは速い。

イ　温度が高いほど，粒子が空間に広がっていく速さは速い。

ウ　温度が変わっても，粒子が空間に広がっていく速さは変わらない。

□ (3)　空気と臭素を同じ容器の中に入れて十分な時間が経ったときの容器内の気体粒子のようすとして，最も適当なものはどれか。

ア　空気のほうが下に沈み，気体が二層に分かれている。

イ　臭素のほうが下に沈み，気体が二層に分かれている。

ウ　空気と臭素が均一に混じりあっている。

13 物質の三態

分子からなる物質について述べた次の(1)〜(5)の文は，固体，液体，気体のどれにあてはまるか。

□ (1)　分子間の距離が最も大きい。

□ (2)　分子が近接しているが，分子の位置が互いに入れ替わる。

□ (3)　分子は規則正しく配列している。

□ (4)　分子の熱運動が最も穏やかな状態である。

□ (5)　分子間の引力がほとんど無視できる。

□ 14 物理変化・化学変化

次のア〜カの変化を，物理変化と化学変化に分類せよ。

ア　氷の表面から水蒸気が発生している。

イ　水素を空気中で燃焼すると，水が生じる。

ウ　水に砂糖を溶かして無色・透明な砂糖水とした。

エ　食塩水に硝酸銀水溶液を滴下すると，白色沈殿が生じた。

オ　硝酸銀水溶液に亜鉛板を浸してしばらく放置しておくと，亜鉛板の表面に銀が析出した。

カ　長い間放置していた鉄製のくぎがさびていた。

15 状態変化

右の図は物質の三態と状態変化の関係を示したものである。次の(1)，(2)の問いに答えよ。

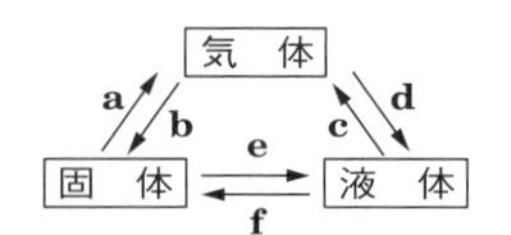

□ (1) **a**～**f** にあてはまる状態変化の名称をそれぞれ答えよ。

□ (2) 次のア，イの現象に最も関係が深い状態変化を，図の **a**～**f** から選べ。

ア　冷たい麦茶を入れたガラスのコップの外側に水滴がついた。

イ　冷凍庫内で氷をしばらく放置していたら，氷が小さくなっていた。

16 状態変化と温度 〈テスト必出

右図は，ある物質を固体から加熱していったときの温度と時間のグラフである。あとの各問いに答えよ。

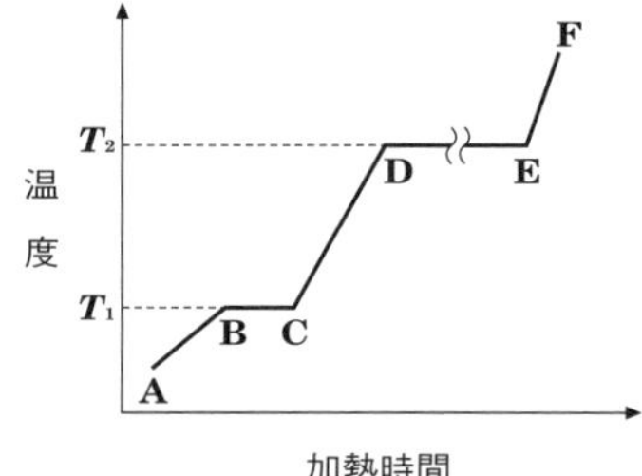

□ (1) 図の T_1，T_2は何とよばれるか。

□ (2) **BC** 間および **DE** 間では，この物質はそれぞれどのような状態にあるか。

□ (3) **BC** 間で起こる状態変化を何というか。

□ (4) **AB** 間の状態と **EF** 間の状態では，密度はどちらが大きいか。

□ (5) **AB** 間の状態から，直接 **EF** 間の状態になる状態変化を何というか。

ガイド　グラフで，水平の線は加熱しても温度が上昇しないことを示す。

応用問題

できたらチェック。

解答 ➡ 別冊 p.4

□ **17** 次のア～エの文のうち，誤っているものはどれか。

ア　分子からなる物質の大部分では，その分子間の距離は，液体の状態にあるときのほうが固体の状態にあるときよりやや大きい。

イ　粒子が規則正しく並んだ固体を結晶といい，粒子はそれぞれの位置で振動している。

ウ　液体では，粒子は自由に位置を変えることができ，粒子間の引力はほとんどはたらかない。

エ　気体では，温度が高いほど分子の熱運動が激しくなる。

□ **18** **発展** 次の文中の（　）に適する語句を，あとのア～サから選べ。

1.013×10^5 Pa のもとで氷を加熱していくと，0 ℃で融解が始まる。このときの温度を（ a ）といい，氷が融けきるまで温度は一定に保たれる。さらに水を加熱していくと，100℃に達したところで（ b ）が起こるようになる。このときの温度を（ c ）といい，水がすべて水蒸気になるまで温度は一定に保たれる。

下線部のときの温度が一定に保たれるのは，加えられた熱のエネルギーが（ d ）のみに使われ，物質の温度上昇には使われていないからである。すなわち，ここで加えられた熱エネルギーは，エネルギーを得て（ e ）の激しくなった粒子が，（ f ）による影響を弱めたり，（ f ）を振り切ったりするためだけに使われている。

ア　昇華　　イ　蒸発　　ウ　沸騰
エ　凝固点　　オ　沸点　　カ　融点
キ　化学変化　　ク　状態変化　　ケ　粒子間の引力
コ　沈殿反応　　サ　熱運動

□ **19** **差がつく** 容積と圧力を変えることができる密閉容器に，一定量の純物質を入れ，容器の圧力を1.013×10^5 Pa に保ちながら物質を固体から気体になるまで加熱した。そのときの加熱時間と物質の温度との関係を右図に示した。

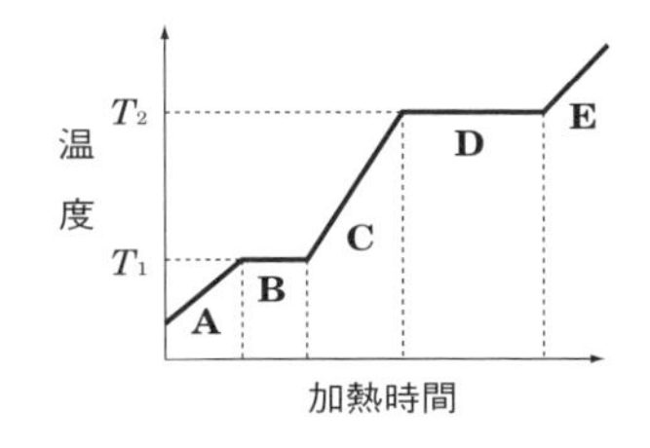

次の記述ア～キのうち，誤っているものはどれか。1つ選び，記号で答えよ。

ア　領域 A では，物質は 1 種類の状態をとっている。
イ　粒子の熱運動の平均の激しさは，領域 B にある粒子よりも，領域 D にある粒子のほうが激しい。
ウ　領域 C では，液体の表面で蒸発が起こっている。
エ　領域 D では，2 種類の状態が共存している。
オ　領域 E の物質が直接領域 A の物質になることを凝華という。
カ　容器内の圧力を1.013×10^5 Pa に保ちながら，同じ物質の液体を冷却したときの凝固点は，温度 T_1 に等しい。
キ　容器内の圧力を変えても，領域 B の温度 T_1 と領域 D の温度 T_2 はどちらも変化しない。

3 原子の構造と元素の周期表

テストに出る重要ポイント

原子の構造

① **原子の構造**

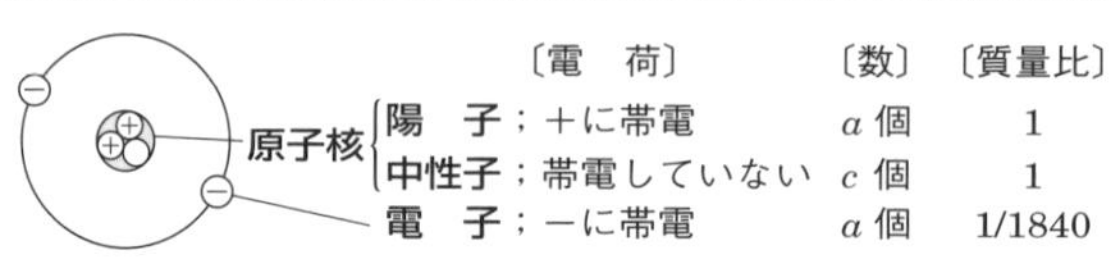

② **原子番号**…陽子の数＝電子の数＝ a

③ **質量数**…陽子の数(a)＋中性子の数(c)＝ b

質量数　→ b
原子番号→ a　M
↑
元素記号

同位体…{原子番号／**陽子の数**／元素}が同じで{質量数／**中性子の数**／質量}が互いに異なる原子

▶化学的性質はほとんど同じ

電子配置…電子は電子殻に配置，

原則として**内側の電子殻から配置**。

① **最外殻電子**…最も外側の電子殻(**最外殻**)に配置されている電子。

② **価電子**…最外殻電子のうち，結合などに関係する電子。

〔電子殻〕	〔最大電子数〕
K 殻 ⟹	$2(2\times1^2)$
L 殻 ⟹	$8(2\times2^2)$
M 殻 ⟹	$18(2\times3^2)$
N 殻 ⟹	$32(2\times4^2)$
O 殻 ⟹	$50(2\times5^2)$

原子核

③ **貴ガス**(希ガス)…He, Ne, Ar など18族元素。安定な電子配置(He, Neは**閉殻**：電子殻が最大電子数で満たされた状態)。

➡ ほとんど反応性がなく，**価電子の数は 0** 。

元素の周期表…元素を原子番号の順に並べると，周期的に類似の元素が現れるという**元素の周期律**に基づく表。

➡ **価電子の数の周期性**による。

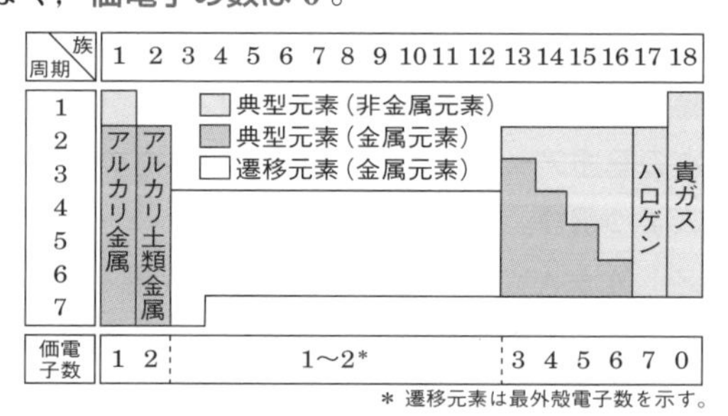

＊ 遷移元素は最外殻電子数を示す。

① **典型元素**…同周期で原子番号が増すと，価電子数が増加。➡ 価電子数は，18族を除いて，**族の番号の 1 の位の数に等しい**。

② **遷移元素**…同周期で原子番号が増すと，内側の電子殻の電子数がふえ，最外殻電子数は 1 または 2 。➡ 左右の元素の性質が類似。

③ **陽性・陰性**…**左側・下側ほど陽性が強く**，陽イオンになりやすい。**右側・上側ほど陰性が強く**，陰イオンになりやすい(18族を除く)。

できたらチェック。

基本問題

解答 ➡ 別冊 p.5

□ 20 原子の構造 〈テスト必出〉

次の表の空欄ア～ケを埋めよ。

原子の記号	原子番号	陽子の数	電子の数	中性子の数	質量数
${}^{23}_{11}\mathrm{Na}$	ア	イ	ウ	エ	オ
カ	キ	17	ク	18	ケ

ガイド　原子番号＝陽子の数＝電子の数

21 原子の構造・同位体

次のア～オの原子について，(1)～(3)の問いに答えよ。(M は仮の元素記号)

ア　${}^{14}_{6}\mathrm{M}$　　イ　${}^{14}_{7}\mathrm{M}$　　ウ　${}^{16}_{8}\mathrm{M}$　　エ　${}^{17}_{8}\mathrm{M}$　　オ　${}^{19}_{9}\mathrm{M}$

□ (1)　互いに同位体である原子はどれとどれか。

□ (2)　中性子の数が等しい原子はどれとどれか。

□ (3)　1つの原子の中で，陽子の数と中性子の数が等しい原子をすべて選べ。

ガイド　同位体は，互いに原子番号が等しい。

□ 22 電子殻の最大電子数

次の表の空欄ア～エには数式を，オ～クには数値を，例にならって記せ。

電子殻	K	L	M	N	O
最大電子数	ア	イ	ウ	エ	2×5^2
	2	オ	カ	キ	ク

23 電子配置

次のア～オの電子配置をもつ原子について，下の(1)～(3)の問いに答えよ。

ア　　イ　　ウ　　エ　　オ

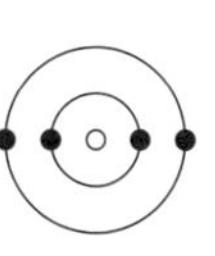
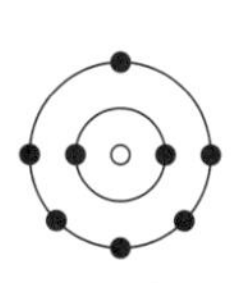
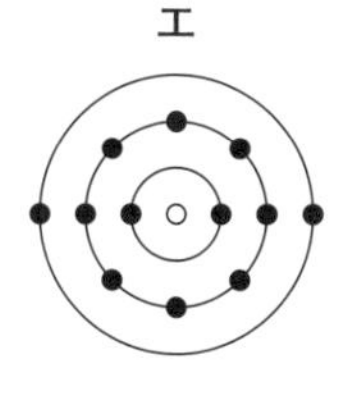
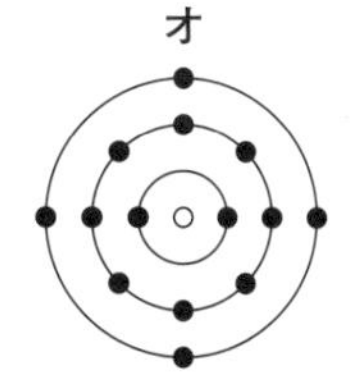

○ 原子核
● 電 子

□ (1)　L 殻に 2 個の電子をもつ原子はどれか。

□ (2)　ほとんど化合物をつくらない原子はどれか。

□ (3)　互いに同族元素の原子はどれとどれか。

□ **24** 元素の周期律

次の文中の(　)に適する語句を入れよ。

元素の周期律は，(ア)の数が原子番号に対して周期的に変化することに基づいている。周期表で同じ族に属する元素群を(イ)といい，周期表の1，2，13～18族にあたる(ウ)元素では，(ア)の数が同じため性質がよく似ている。

25 元素の周期表

右の図は元素の周期表の概略図である。下の(1)，(2)にあてはまるものを a ～ f から 1 つずつ選べ。また，(3)～(6)にあてはまるものを a，ア～キからすべて選べ。

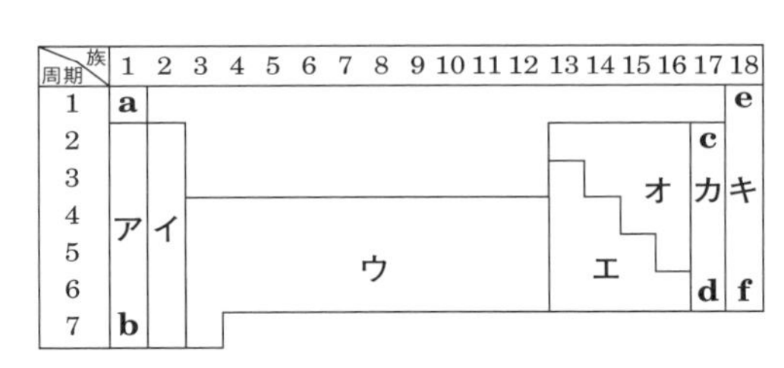

□ (1)　最も陽性が強い元素　□ (2)　最も陰性が強い元素

□ (3)　貴ガス　□ (4)　アルカリ金属　□ (5)　遷移元素　□ (6)　非金属元素

応用問題

解答 → 別冊 p.6

□ **26** 差がつく　次のア～オの記述のうち，誤っているものを 2 つ選べ。

ア　同じ元素の原子で，陽子の数が異なるものがある。

イ　質量数が17，18で，中性子の数がそれぞれ 9，10の原子は，互いに同位体である。

ウ　$^{1}_{1}H$ の質量は，陽子の質量にほぼ等しい。

エ　同位体は，質量は異なるが，化学的性質はほとんど等しい。

オ　同じ元素の原子は，原子番号や質量が互いに同じである。

27 次の数値は，各原子の原子番号である。(1)～(5)の問いにア～キで答えよ。

ア　5　　イ　8　　ウ　9　　エ　10　　オ　11　　カ　12　　キ　19

□ (1)　最外殻電子が M 殻にある原子をすべて示せ。

□ (2)　価電子の数が 0 である原子はどれか。

□ (3)　互いに同族元素である原子はどれとどれか。

□ (4)　最も陽イオンになりやすい原子はどれか。

□ (5)　最も陰イオンになりやすい原子はどれか。

ガイド　(3)典型元素では，価電子の数が同じ原子は同族元素である。

28 次の(1)〜(3)のうち，正しいものには○，誤りを含むものには×を記せ。

□ (1) 同位体は，互いに化学的性質がほぼ等しい。

□ (2) 同位体は，互いに同じ元素であり，質量が等しい。

□ (3) 放射性同位体がα（アルファ）壊変すると，他の元素の原子に変化する。

29 価電子がM殻に2個ある原子について，次の(1)〜(3)の問いに答えよ。

□ (1) この原子の原子番号はいくらか。

□ (2) この原子は，典型元素・遷移元素のどちらか。

□ (3) この原子は，金属元素・非金属元素のどちらか。

30 表はA〜G 7つの元素の原子の電子配置を示したものである。(1)〜(5)にA〜Gで答えよ。

	A	B	C	D	E	F	G
K	2	2	2	2	2	2	2
L	2	6	8	8	8	8	8
M			3	6	8	8	9
N						1	2

□ (1) 貴ガス原子はどれか。

□ (2) 互いに同族元素であるのはどれとどれか。

□ (3) これらの元素のうちで，最も陽イオンになりやすいものはどれか。

□ (4) 周期表の第2周期の元素はどれか。すべて示せ。

□ (5) 2価の陰イオンになったとき，Arと同じ電子配置になるものはどれか。

31 差がつく 右の表は，元素の周期表の一部であり，a〜pは元素を示している。次の問いに答えよ。

周期＼族	1	2	13	14	15	16	17	18
2	a	b	c	d	e	f	g	h
3	i	j	k	l	m	n	o	p

□ (1) nの原子番号はいくらか。

□ (2) 右の図の原子モデルア〜オにあてはまるものを，表中のa〜pよりそれぞれ選べ。

ア　イ　ウ　エ　オ

3+　7+　8+　11+　17+

□ (3) 次の①〜④の元素の電子配置を，K殻，L殻，M殻，…の電子数で示せ。

① b　② f　③ i　④ p

□ (4) 原子番号2の元素と性質が似ている元素をa〜pよりすべて選べ。

□ (5) jが安定なイオンとなったときと同じ電子数の原子をa〜pより選べ。

□ (6) oの質量数が37である原子の中性子の数はいくらか。

4 イオン結合とその結晶

テストに出る重要ポイント

- **イオン**…原子が電子を授受することによって生成。

① {**陽イオン**…原子が**価電子を放出**して正に帯電 / **陰イオン**…原子が**電子を受け取って**負に帯電} ➡ 貴ガスと同じ電子配置

② **イオンの価数**…イオンになるとき出入りした電子の数 ➡ 1価，2価，…

➡ イオンの電子の数 {**陽イオン；原子番号－価数** / **陰イオン；原子番号＋価数**}

③ {**単原子イオン**…1個の原子からできたイオン　例 Na^+，Ca^{2+}，Cl^- / **多原子イオン**…複数の原子からできたイオン　例 NH_4^+，SO_4^{2-}}

④ **イオン化エネルギー**…原子から電子1個を取り去って1価の陽イオンにするのに要するエネルギー ➡ **イオン化エネルギーが小さいほど陽イオンになりやすい。周期表の左側・下側の元素ほど小さい。**

⑤ **電子親和力**…原子が電子を受け取って1価の陰イオンになるとき放出するエネルギー ➡ **電子親和力が大きいほど陰イオンになりやすい。18族を除いて周期表の右側の元素ほど大きい。**

⑥ **イオン半径**…同族元素のイオンでは，原子番号が大きいほど大きい。同じ電子配置のイオンでは，原子番号が大きいほど小さい。

- **イオン結合**…陽イオンと陰イオン間の静電気的な結合 ➡ 一般に，**金属元素と非金属元素の原子間の結合。**

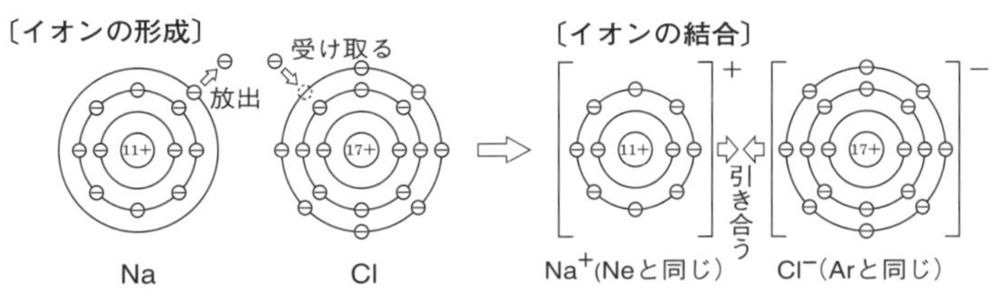

- **イオン結晶**…陽イオンと陰イオンが交互に並び，イオン結合からなる結晶 ➡ 融点が高く，硬くてもろい。**固体では電気を通さないが，加熱融解して液体にしたり，水溶液にしたりすると電気を通す。**

- **組成式**…物質を構成する原子やイオンの種類とその数の比を表した式。

▶**イオン結晶の組成式**…陽イオンと陰イオンの数の間の関係は，

(陽イオンの価数)×(陽イオン数)＝(陰イオンの価数)×(陰イオン数)

できたらチェック。

基本問題

解答 ➡ 別冊 p.7

□ **32** イオンの形成とイオン結合

次の文中の(　)に適する語句・数値を入れよ。

ナトリウム原子は価電子が(　ア　)個であり，この価電子を放出すると，１価の陽イオンとなり，安定な貴ガスの(　イ　)と同じ電子配置になる。一方，塩素原子は価電子が(　ウ　)個であり，電子１個を受け入れると，１価の陰イオンとなり，安定な貴ガスの(　エ　)と同じ電子配置になる。塩化ナトリウムの結晶は，これらのイオンの静電気的な引力による(　オ　)結合でできている。

33 イオンの価数と電子数　テスト必出

次の原子ア～カについて，あとの(1)～(4)の問いに答えよ。

ア　$_{4}$Be　　イ　$_{9}$F　　ウ　$_{11}$Na　　エ　$_{13}$Al　　オ　$_{16}$S　　カ　$_{20}$Ca

□ (1)　１価の陽イオンになりやすいものと，そのイオンの電子の数を答えよ。

□ (2)　１価の陰イオンになりやすいものと，そのイオンの電子の数を答えよ。

□ (3)　２価の陰イオンになりやすいものと，そのイオンの電子の数を答えよ。

□ (4)　３価の陽イオンになりやすいものと，そのイオンの電子の数を答えよ。

ガイド　イオンの電子数は，陽イオン；原子番号－価数　　陰イオン；原子番号＋価数

34 イオンの電子配置　テスト必出

下の原子ア～カのうち，安定なイオンになったとき(1)～(3)と同じ電子配置となるものをすべて選び，ア～カで答えよ。

□ (1)　He　　□ (2)　Ne　　□ (3)　Ar

ア　$_{3}$Li　　イ　$_{8}$O　　ウ　$_{11}$Na　　エ　$_{12}$Mg　　オ　$_{17}$Cl　　カ　$_{19}$K

35 イオン化エネルギーと電子親和力

次は原子番号１～12までの元素である。この元素について(1)～(3)にあてはまるものを元素記号で答えよ。

H　He　Li　Be　B　C　N　O　F　Ne　Na　Mg

□ (1)　イオン化エネルギーが最も小さい。

□ (2)　イオン化エネルギーが最も大きい。

□ (3)　電子親和力が最も大きい。

36 イオン半径の大小

次の各組み合わせのイオンについて，イオン半径の大きいほうから順に記せ。

□ (1) Na^+，Li^+，K^+　□ (2) Br^-，F^-，Cl^-　□ (3) Mg^{2+}，Al^{3+}，Na^+

□ (4) F^-，Na^+，O^{2-}　□ (5) Cl^-，F^-，S^{2-}　□ (6) S^{2-}，Na^+，O^{2-}

ガイド　イオン半径の大小は，同族元素のイオンまたは同じ電子配置のイオンに着目する。

□ 37 イオン結晶

次のイオン結晶に関するア～エの記述のうち，誤りを含むものはどれか。

ア　イオン結晶の融点は，かなり高いものが多い。

イ　イオン結晶の固体は，電気をよく通す。

ウ　イオン結晶の水溶液は，電気をよく通す。

エ　イオン結晶は，硬いがもろい。

□ 38 イオン結晶の組成式　テスト必出

次の表の空欄ア～クに，例のように組成式を記せ。

	Na^+	Mg^{2+}	Fe^{3+}
Cl^-	例　NaCl	ウ	カ
SO_4^{2-}	ア	エ	キ
PO_4^{3-}	イ	オ	ク

応用問題

できたらチェック。

解答 ➡ 別冊 p.9

□ 39

次のア～オのうち，陽イオンと陰イオンの電子配置が同じものはどれか。

ア　NaCl　イ　KF　ウ　KCl　エ　CaF_2　オ　$MgCl_2$

40

差がつく　次の a ～ h は元素を示しており，いずれも周期表の第 3 周期に属する元素である。数値はそれぞれの第一イオン化エネルギー(単位；kJ/mol)を示している。これについて(1)～(3)の問いに a ～ h で答えよ。

	a	b	c	d	e	f	g	h
イオン化エネルギー	1000	577	494	1013	1519	736	1255	787

□ (1) 最も陽イオンになりやすい元素はどれか。

□ (2) 貴ガスが 1 つ含まれている。どれか。

□ (3) 電子親和力が最大の元素はどれか。

□ **41** 差がつく アルミニウムイオン $^{27}_{13}Al^{3+}$ に関する次の記述ア～オのうち，誤っているものをすべて選び，ア～オで答えよ。

ア　陽子の数は13である。　イ　電子の数は13である。
ウ　中性子の数は14である。　エ　イオンの価数は３である。
オ　電子配置は Ar と同じである。

□ **42** 次の原子あるいはイオンの組み合わせア～オにおいて，電子配置がすべて同じ組み合わせを選び，ア～オで答えよ。

ア　F^-，Cl^-，Ne　イ　Ca^{2+}，Br^-，Ar　ウ　K^+，S^{2-}，Cl^-
エ　Na^+，K^+，F^-　オ　H^+，Li^+，He

□ **43** 質量数59のコバルト原子 Co がコバルト(Ⅱ)イオン Co^{2+} になるとき，そのイオンのもつ電子の数は25個になる。コバルト原子の陽子の数，中性子の数および電子の数をこの順に並べたとき，次の組み合わせの中から正しいものを選び，ア～カで答えよ。

ア　23，30，23　イ　23，30，25　ウ　23，34，25
エ　25，28，27　オ　23，34，27　カ　27，32，27

44 次の A，D，E，G，J，L，M は，それぞれ仮の元素記号であり，数字はその元素の原子番号を示している。(1)～(4)の問いに答えよ。なお，(1)～(3)は仮の元素記号 A，D，E，G，J，L，M を用いて答えよ。

A；6　D；8　E；9　G；11　J；16
L；19　M；20

□ (1)　イオン化エネルギーの最も小さい原子はどれか。
□ (2)　電子親和力の最も大きい原子はどれか。
□ (3)　安定なイオンになったとき，Ar と同じ電子配置となる原子をすべて選び，記号で答えよ。
□ (4)　次のア～カの化合物のうち，イオン結晶である化合物をすべて選び，記号で答えよ。

ア　AD_2　イ　MD　ウ　GE　エ　ME_2
オ　JD_2　カ　LE

5 共有結合とその結晶

テストに出る重要ポイント

- **共有結合**…原子が互いにいくつかの価電子を共有する結合 ➡ **非金属元素の原子間の結合** ➡ それぞれの原子は貴ガスと同じ電子配置となる。
  - ① **電子式**…元素記号のまわりに最外殻電子を点で示す。
  - ② **不対電子**…1個のままで存在する電子。
電子対…電子2個が対になったもの。
- **分子の形成**…いくつかの原子が共有結合によって結合して分子をつくる。

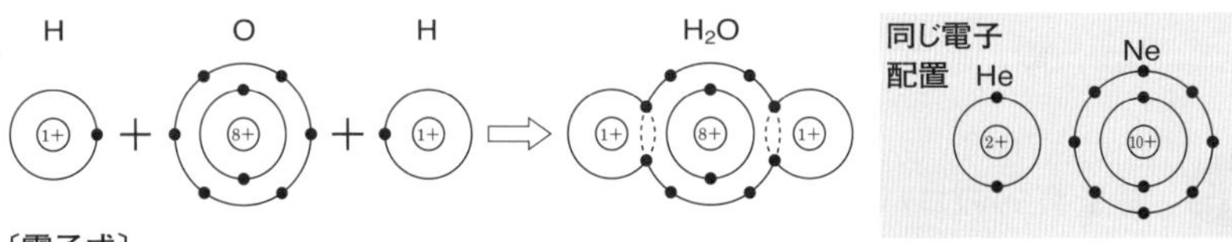

〔電子式〕

H・ ＋ ・Ö・ ＋ ・H ⟶ H:Ö:H

不対電子　不対電子　共有電子対　非共有電子対

- ① **分子式**…元素記号と原子数を用いて分子を表す式。
- ② **構造式**…分子中の共有電子対を1本の線(**価標**という)で示した式
  ➡ 1組の共有電子対を**単結合**，2組の共有電子対を**二重結合**

例　メタン CH_4　H:C:H（上下にH）　H−C−H（上下にH，価標）　二酸化炭素 CO_2　:Ö::C::Ö:　O=C=O

- ③ **原子価**…1個の原子から出ている価標の数。H；1，O；2，C；4
- ④ **分子の形**…H_2O；折れ線形　CO_2；直線形　CH_4；正四面体形
NH_3；三角錐形
- **配位結合**…非共有電子対を他の原子と共有する共有結合。
  - ① アンモニウムイオン・オキソニウムイオン

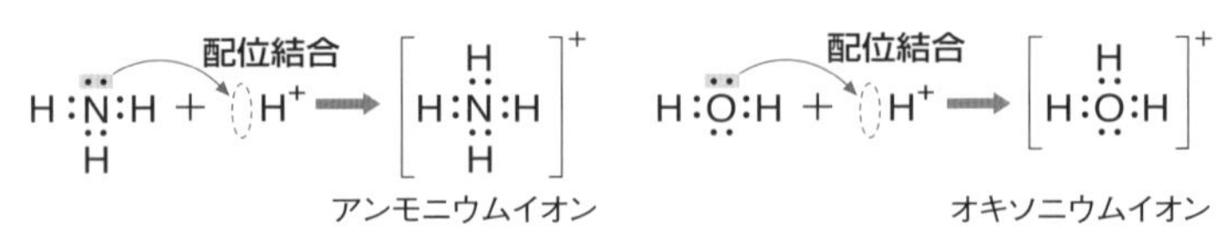

  - ② **錯イオン**…金属イオンに分子やイオンが配位結合してできたイオン。
    └─$[Cu(NH_3)_4]^{2+}$，$[Ag(NH_3)_2]^{+}$ など
- **分子結晶**…分子が分子間力によって規則的に並んだ結晶。
  └─ドライアイス，ヨウ素など
  ➡ **やわらかく，融点が低い**。

- **共有結合の結晶**…多数の原子が共有結合してできた結晶。➡ **融点が高い。**
  ① C…**ダイヤモンド**；硬く，電気を通さない。
  （└正四面体形が連続した立体構造）
  黒鉛；やわらかく，電気を通す。
  （└正六角形が連続した平面構造）
  ② Si…**単体**；ダイヤモンドと同じ構造。　SiO_2；石英や水晶など
- **高分子化合物**…分子量が 1 万以上の化合物。
  合成高分子化合物の例；ポリエチレン，ポリエチレンテレフタラート

できたらチェック。

基本問題

解答 ➡ 別冊 p.9

□ **45** 共有結合 〈テスト必出〉

次のア～カの物質のうち，原子間の結合が共有結合であるものをすべて選べ。

ア　二酸化炭素 CO_2　　イ　ダイヤモンド C
ウ　水 H_2O　　エ　塩化ナトリウム NaCl
オ　アンモニア NH_3　　カ　酸化カルシウム CaO

ガイド　共有結合は非金属元素の原子間の結合である。

□ **46** 分子の形成と共有結合

次の文中の(　)に適する語句・数値を入れよ。ただし，エには適するアルファベットを入れよ。

水分子 H_2O は，酸素原子 1 個と水素原子 2 個が(ア)を出し合い，共有し合って結合している。この結果，酸素原子は最外殻に(イ)個の電子が入った状態となって，(ウ)原子と同じような安定な電子配置となり，それぞれの水素原子は(エ)殻に(オ)個の電子が入った状態となって，(カ)原子と同じような安定な電子配置となる。このような原子間の結合を(キ)結合という。

□ **47** 電子式

次のア～キの電子式のうち，誤りのあるものを 3 つ選べ。

ア　H:C:H（C の上下に H）　　イ　H:Ö:H（O の上下に非共有電子対）　　ウ　:O::C::O:（O の上下に非共有電子対）　　エ　H:S:H（S の上下に非共有電子対）

オ　H:Cl:（Cl の上下に非共有電子対）　　カ　:N::N:　　キ　H:N:H（N の上に H）

ガイド　原子のまわりに，最外殻電子(・)が H 原子は 2 個，他の原子は 8 個。

48 非共有電子対と三重結合 テスト必出

次のア～オの分子について，あとの各問いに答えよ。

ア　N_2　　イ　NH_3　　ウ　CH_4　　エ　H_2O　　オ　CO_2

□ (1)　非共有電子対をもたない分子をすべて選べ。

□ (2)　非共有電子対を2組もつ分子をすべて選べ。

□ (3)　三重結合をもつ分子をすべて選べ。

49 電子式と構造式 テスト必出

次の(1)～(6)の分子の電子式と構造式をかけ。

□ (1)　塩化水素 HCl　□ (2)　アンモニア NH_3　□ (3)　メタン CH_4

□ (4)　二酸化炭素 CO_2　□ (5)　窒素 N_2　□ (6)　メタノール CH_3OH

□ 50 配位結合

次のア～ウの文のうち，誤っているものはどれか。

ア　配位結合は共有結合の一種である。

イ　CH_4 は H^+ と配位結合できる。

ウ　錯イオンは配位結合を含む。

51 共有結合の結晶

次の(1)，(2)にあてはまる性質を，あとのア～カからすべて選べ。ただし，同じものを繰り返し選んでもよい。

□ (1)　ダイヤモンドの性質　□ (2)　黒鉛の性質

ア　無色・透明　　イ　黒色・不透明　　ウ　非常に硬い

エ　融点が高い　　オ　電気を通す　　カ　炭素からなる

応用問題

解答 ➡ 別冊 *p.10*

できたらチェック。

52 差がつく

次の(1)～(7)にあてはまるものを，あとのア～キからすべて選べ。

□ (1)　1組の非共有電子対をもつ。　□ (2)　2組の非共有電子対をもつ。

□ (3)　3組の共有電子対をもつ。　□ (4)　4組の共有電子対をもつ。

□ (5)　二重結合をもつ。　□ (6)　三重結合をもつ。

□ (7)　配位結合をもつ。

ア　アンモニア　　イ　アンモニウムイオン　　ウ　水　　エ　窒素

オ　メタン　　カ　メタノール　　キ　二酸化炭素

53 次の(1)，(2)の条件を満たす分子の構造式をすべてかけ。

□ (1)　C原子2個にH原子が結合している(H原子の数はいくつでもよい)。

□ (2)　分子式がC_2H_6Oで表される。

ガイド　原子価は，Hが1，Oが2，Cが4である。

54 次の各問いに答えよ。

□ (1)　次のア～エのうち，共有結合の結晶の組み合わせはどれか。

ア　二酸化炭素と二酸化ケイ素　　イ　二酸化炭素とダイヤモンド

ウ　ダイヤモンドと二酸化ケイ素　　エ　ケイ素とフラーレン

□ (2)　次のア～エのうち，配位結合を含む物質の組み合わせはどれか。

ア　CO_2，NH_3　　イ　NH_4Cl，$K_3[Fe(CN)_6]$

ウ　$(NH_4)_2SO_4$，NaCl　　エ　H_2O，CH_3OH

ガイド　錯イオンは配位結合を含む。

55 分子構造が次の(1)～(3)にあてはまるものを，あとのア～クからすべて選べ。

□ (1)　折れ線形　　□ (2)　三角錐形　　□ (3)　正四面体形

ア　NH_3　　イ　CO_2　　ウ　CCl_4　　エ　H_2S

オ　C_2H_4　　カ　H_2O　　キ　PH_3　　ク　CH_4

56 次の(1)～(4)にあてはまるものを，あとのア～ケから2つずつ選べ。

□ (1)　分子結晶　　□ (2)　共有結合の結晶の単体

□ (3)　共有結合の結晶の化合物　　□ (4)　配位結合を含むイオン結晶

ア　ダイヤモンド　　イ　石英　　ウ　食塩

エ　ナフタレン　　オ　塩化アンモニウム　　カ　ドライアイス

キ　水晶　　ク　ヘキサシアニド鉄(Ⅱ)酸カリウム　　ケ　黒鉛

□ **57** 次の文の(　)に適する語句または数値を記せ。

単体のケイ素の結晶では，ケイ素原子が互いに(ア)結合で結ばれており，1個の結晶全体を巨大な(イ)とみなすことができる。1つ1つのケイ素原子は(ウ)の中心に位置し，それに結合した(エ)個のケイ素が(ウ)の頂点を占める構造をとっている。ケイ素の結晶を溶融するには，強い(ア)結合をこわす必要があるので，その融点は高い。

6 分子の極性と分子間の結合

テストに出る重要ポイント

電気陰性度と結合の極性

① **電気陰性度**…原子間の結合で，**原子が共有電子対を引きつける強さ**を表す数値。➡ 周期表の右側(18族を除く)，上側の元素ほど大きい。

▶**電気陰性度の大きい元素ほど陰性が強く，陰イオンになりやすい。**

② **結合の極性**…異なる元素の原子間の結合では，電気陰性度の大きい原子側に共有電子対がかたよるので，結合に電荷のかたよりが生じる。この電荷のかたよりを**極性**という。

分子の極性

① **無極性分子**…分子全体として，電気的にかたよりがない分子。
　極性分子…分子全体として，電気的にかたよりがある分子。

▶単体は無極性分子であり，二原子分子の化合物は極性分子である。

② **分子の形と極性**…結合の極性を打ち消し合うと無極性分子になる。

▶CH_4；正四面体形，CO_2；直線形 ➡ 無極性分子

▶NH_3；三角錐形，H_2O；折れ線形 ➡ 極性分子

CH_4 正四面体形

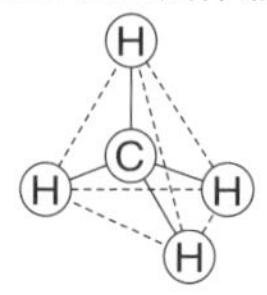

CO_2 直線形

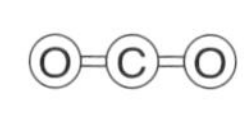

NH_3 三角錐形

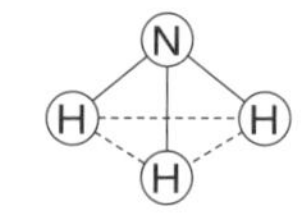

H_2O 折れ線形

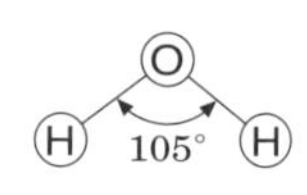

分子間の結合

① **分子間力**…分子間にはたらく弱い引力 ➡ **イオン結合や共有結合より結合力がはるかに弱い。**

② **ファンデルワールス力** 発展 …すべての分子の分子間にはたらく引力。

➡ 構造が同じような分子では**分子量が大きいほど強く**，沸点が高い。
（←たとえば同じ17族元素の単体である F_2 と Cl_2）

③ **水素結合** 発展 …電気陰性度の大きい元素の水素化合物の分子間に生じる引力。ファンデルワールス力よりは結合力が強いが，共有結合ほどは強くない。➡ 分子量から予想される沸点に比べて，異常に高い。➡ HF，H_2O，NH_3

④ **水の特性** 発展 …沸点・融点が高い。さまざまな物質を溶かす。**氷(固体)の密度は水(液体)より小さい。** ➡ 水の特性は水素結合による。

基本問題

解答 → 別冊 p.11

58　電気陰性度と極性の大小

できたらチェック。

次の各問いに答えよ。

□ (1)　次のア～オの元素のうち，電気陰性度が最も大きいものはどれか。

ア　N　　イ　C　　ウ　O　　エ　S　　オ　P

□ (2)　次のア～エの結合のうち，結合の極性が最も大きいものはどれか。

ア　H－Cl　　イ　H－I　　ウ　H－F　　エ　H－Br

59　分子の形と極性　テスト必出

次の(1)～(5)にあてはまる分子を，あとのア～クからすべて選べ。

□ (1)　直線形の無極性分子　　□ (2)　直線形の極性分子

□ (3)　折れ線形の極性分子　　□ (4)　三角錐形の極性分子

□ (5)　正四面体形の無極性分子

ア　N_2　　イ　CH_4　　ウ　HCl　　エ　H_2O

オ　NH_3　　カ　CO_2　　キ　H_2S　　ク　CCl_4

60　分子からなる物質の沸点　発展

次の(1)～(7)の物質を，それぞれ沸点の高い順に並べよ。

□ (1)　Br_2，Cl_2，I_2　　□ (2)　C_2H_6，CH_4，C_3H_8

□ (3)　HCl，HF，HBr　　□ (4)　H_2O，H_2Se，H_2S

□ (5)　SiH_4，CH_4，GeH_4　　□ (6)　AsH_3，NH_3，PH_3

□ (7)　Ne，Ar，He

□ 61　水の性質　発展

次の記述ア～エのうち，誤りを含むものはどれか。

ア　水はイオン結晶をよく溶かすが，分子からなる物質は溶かさない。

イ　氷が水に浮かぶのは，氷のほうが水より密度が小さいからである。

ウ　水の沸点は，分子量から予想される値と比べて異常に高い。

エ　水が他の物質と異なる性質の多くは水素結合と関係している。

□ **62** 水分子の間にはたらく力 **発展**

次の文中の(　)に適する語句を，あとのア～シから選べ。

水はメタンとあまり(**a**)が違わないが，常温でメタンは気体であるのに水は液体である。

水分子内の水素原子と酸素原子は(**b**)をしているが，水分子は(**c**)をもち，分子間では(**d**)を形成して(**e**)が強くなるので，沸点は(**a**)から予想される値と比べて異常に高い。

水分子が(**c**)をもつのは，分子内で(**f**)がかたよっているためである。これは，水素と酸素の(**g**)が異なり，また，分子の形が(**h**)であるために，結合の(**c**)が互いに打ち消されないからである。

ア　電気陰性度　　イ　電荷　　ウ　水和
エ　極性　　オ　分子間の引力　　カ　イオン結合
キ　共有結合　　ク　水素結合　　ケ　分子量
コ　折れ線形　　サ　直線形　　シ　三角錐形

応用問題

できたらチェック。

解答 ➡ 別冊 p.12

□ **63** **次の表は，さまざまな元素の電気陰性度を示している。あとのア～エの物質を，原子間の結合の極性の大きい順に並べよ。**

元素	H	O	F	Na	Mg	Cl
電気陰性度	2.2	3.4	4.0	0.9	1.3	3.2

ア　HCl　　イ　MgO　　ウ　NaF　　エ　Cl_2

ガイド　電気陰性度の差から判断する。

64 **差がつく** **次の(1)，(2)にあてはまる物質の組み合わせを，あとのア～キから選べ。**

□ (1)　ともに無極性分子である。

□ (2)　ともに極性分子である。

ア　H_2O，CH_4　　イ　NH_3，C_2H_6　　ウ　CH_3Cl，H_2S
エ　CH_3OH，Cl_2　　オ　Cl_2，CCl_4　　カ　SiH_4，HCl
キ　CO_2，PH_3

ガイド　CとSi，NとP，OとSは同族元素であり，化合物は同じ形の分子となる。

65 差がつく 発展 **A_1～A_4，B_1～B_4，C_1～C_4は，それぞれ14族，16族，17族の各周期の元素の水素化合物である。**

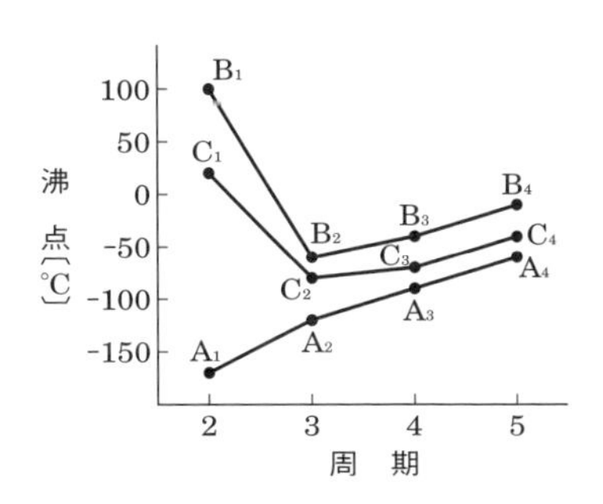

□ (1)　A_1，B_1，C_1を化学式で表せ。

□ (2)　B_1，C_1の沸点が高い理由を説明せよ。

□ (3)　第3周期以降では，周期が大きくなるほど沸点が高くなっている。これはなぜか。この理由を説明せよ。

□ **66** 次の①～③の文章中の**A**～**C**にあてはまる物質を，あとのア～カから選べ。

①　**A**，**B**，**C**は，いずれも共有結合からなる分子であり，四面体形の構造をしている。

②　**A**は極性分子であるが，**B**と**C**は無極性分子である。

③　**A**と**B**はどちらも非共有電子対をもっているが，**C**は非共有電子対をもっていない。

ア　CCl_4　　イ　H_2S　　ウ　NH_4Cl　　エ　CH_4

オ　CH_3Cl　　カ　CO_2

□ **67** 発展 次のア～カは，化学結合における極性についての記述である。正しいものはどれか。2つ選べ。

ア　電荷のかたよりのある分子を極性分子という。一般に，電気陰性度の差の大きい原子間の結合ほど電荷のかたよりが小さい。

イ　フッ化水素 HF や水 H_2O は，水素結合を形成するが，塩化水素 HCl や硫化水素 H_2S は，水素結合を形成しない。

ウ　無極性分子としては，二酸化炭素や塩化水素がある。

エ　メタンは正四面体構造であり，各 C－H 結合に極性があるため，極性分子である。

オ　アンモニア分子は，窒素原子側に非共有電子対が3組あるため，アンモニア分子は大きな極性をもつ。

カ　水分子がナトリウムイオンや塩化物イオンと強く引き合うのは，水分子が極性をもつためである。

7 金属結合と金属

★ テストに出る重要ポイント

- **金属結合**…多数の金属原子が，自由に動ける**自由電子**を共有する結合。
  ➡ 金属元素の原子間の結合。
  ▶価電子が自由電子となっている。
- **金属結晶**…金属原子が金属結合により，規則正しく配列した結晶。
  ▶性質…**金属光沢**(こうたく)がある。**展性・延性**に富む(└Au で最大)。**電気や熱をよく通す**(└Ag で最大)。
  ➡ これらの性質は，いずれも自由電子による。
- **金属の結晶構造**…次の 3 種類がある。 発展

	体心立方格子	面心立方格子	六方最密構造
単位格子	▶たとえば Li，Na，K	▶たとえば Al，Ni，Cu	単位格子 ▶たとえば Mg，Zn
配位数	8	12	12
単位格子中の原子数	2	4	2

▶**配位数**… 1 つの原子に接している原子の数。

▶原子の詰まりぐあい(充塡率(じゅうてん))は，

体心立方格子＜面心立方格子＝六方最密構造
└充塡率68%　└これも最密構造の１つ(充塡率74%)

▶単位格子の一辺を l〔cm〕，金属結合の半径を r〔cm〕とすると，

体心立方格子 ➡ $(4r)^2=3l^2$ ➡ $r=\dfrac{\sqrt{3}}{4}l$

面心立方格子 ➡ $(4r)^2=2l^2$ ➡ $r=\dfrac{\sqrt{2}}{4}l$

基本問題

できたらチェック。　解答 ➡ 別冊 p.13

□ **68** 金属の性質

次のア～エの文のうち，金属にあてはまらないものはどれか。

ア　光沢がある。　　イ　常温ですべて固体である。

ウ　電気伝導性がある。　　エ　展性・延性がある。

□ **69** 金属結合

次の文中の(　)に適する語句を，あとのア～ケから選べ。

金属元素の原子は一般に(**a**)が小さいため，原子から(**b**)を放出しやすい。放出された(**b**)は，重なり合った金属原子の(**c**)を通って自由に動くことができ，結晶内のすべての原子に共有される。このような電子を(**d**)といい，できた結合を(**e**)という。

ア　原子核　　イ　電子殻　　ウ　自由電子
エ　価電子　　オ　電子親和力　　カ　共有結合
キ　金属結合　　ク　イオン結合　　ケ　イオン化エネルギー

70 金属の性質

次の金属のうち，あとの(1)～(3)にあてはまるものを選び，元素記号で答えよ。

金，銀，銅，水銀，鉄，亜鉛，ナトリウム，アルミニウム

□ (1)　融点が最も低い金属
□ (2)　熱伝導性・電気伝導性が最も大きい金属
□ (3)　展性・延性が最も大きい金属

71 面心立方格子 発展

ある金属の結晶構造は図のような面心立方格子であり，単位格子の一辺(図の l)は 3.5×10^{-8} cm である。

次の(1)，(2)の問いに答えよ。ただし，$\sqrt{2}=1.4$ とする。

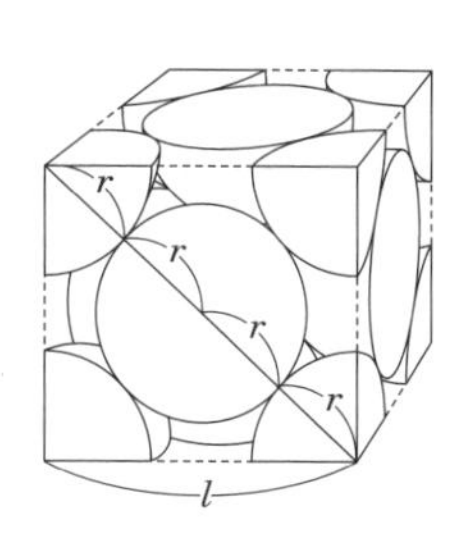

□ (1)　単位格子中の原子の数は何個か。
□ (2)　この金属の原子半径(図の r)は何 cm か。

ガイド　図より単位格子の面の対角線が $4r$ に等しい。

応用問題

できたらチェック。

解答 ➡ 別冊 p.14

□ **72** 次のア～オの金属の性質のうち，自由電子と関係がないものはどれか。

ア　光沢があり，不透明である。　　イ　展性・延性に富んでいる。
ウ　熱・電気をよく伝える。　　エ　水溶液中の Na^+ は無色である。
オ　融点は大小さまざまである。

ガイド　自由電子は，金属原子が金属結合しているときに関係する。

73 差がつく 発展 **同じ金属元素の結晶格子が，次のア～ウのように変化したとする。あとの各問いに答えよ。**

ア　体心立方格子から面心立方格子　　イ　面心立方格子から体心立方格子

ウ　面心立方格子から六方最密構造

□ (1)　密度が大きくなったのはどれか。

□ (2)　密度が変わらなかったのはどれか。

ガイド　充塡率の違いに着目する。

74 発展 **カリウムの結晶は，右図の単位格子からできている。次の(1)，(2)の問いに答えよ。ただし，$\sqrt{3}=1.7$ とする。**

カリウムの単位格子

a

□ (1)　この単位格子を何とよぶか。

□ (2)　単位格子の一辺の長さは $a=4.0\times10^{-8}$ cm である。互いに接している最も近い 2 つの原子の中心間の距離は何 cm か。

ガイド　互いに接している最も近い2つの原子の中心間の距離は，原子半径 r の2倍に等しい。

75 発展 **鉄は通常は体心立方格子の α（アルファ）鉄の結晶であるが，911℃以上に加熱した後に急冷すると，面心立方格子の γ（ガンマ）鉄の結晶に変化する。次の(1)～(4)の問いに答えよ。ただし，単位格子は右図のようであり，単位格子の一辺の長さは，α 鉄が0.29 nm，γ 鉄が0.36 nm，また $\sqrt{2}=1.4$，$\sqrt{3}=1.7$ とする。**

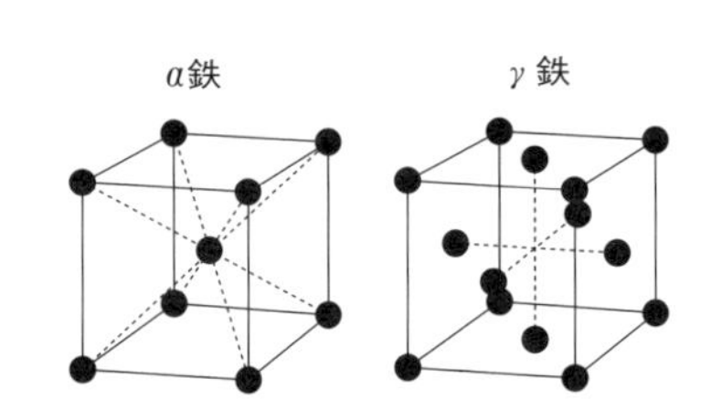

□ (1)　α 鉄，γ 鉄の単位格子中の原子の数は，それぞれ何個か。

□ (2)　α 鉄，γ 鉄の 1 つの原子に接している原子の数は，それぞれ何個か。

□ (3)　α 鉄と γ 鉄のうち，結合距離（互いに接する最も近い鉄原子どうしの中心間の距離）は，どちらが短いか。

□ (4)　α 鉄と γ 鉄の密度を比較すると，どちらが大きいか。

ガイド　(3)「テスト に出る重要ポイント」の r と l の関係式に代入する。

(4) 密度＝$\dfrac{\text{質量}}{\text{体積}}$　体積＝(辺の長さ)^3

8　原子量・分子量と物質量

★ テストに出る重要ポイント

- **原子量と分子量・式量**

① **原子量と同位体**…原子量は ^{12}C **の質量を12**とし，それを基準にした同位体の相対質量（←質量数とほぼ同じ）を，同位体の存在比に基づき平均した相対質量。

$$原子量 = M_1 \times \frac{X_1}{100} + M_2 \times \frac{X_2}{100} + \cdots\cdots$$

M_i；同位体の相対質量
X_i；同位体の存在比〔%〕

② **分子量・式量**…分子式・組成式・イオン式（←イオンを表す化学式）の構成原子の原子量の総和。

- **物質量**…**6.02214076×10²³個の粒子の集団を1 mol** とした量。物質 1 mol の質量は，原子量・分子量・式量に単位 g をつけた値になる。

アボガドロ定数；物質 1 mol あたりの粒子数　$N_A = 6.0 \times 10^{23}$/mol（←厳密には $6.02214076 \times 10^{23}$）
モル質量；物質 1 mol あたりの質量〔g/mol〕

$$物質量 = \frac{質量}{モル質量}$$
（物質量〔mol〕，質量〔g〕，モル質量〔g/mol〕）

$$物質量 = \frac{粒子数}{アボガドロ定数}$$
（物質量〔mol〕，アボガドロ定数〔/mol〕）

- **物質量と気体**…**アボガドロの法則**「**同温・同圧で，同数の分子を含む気体は，気体の種類に関係なく，同体積を占める。**」

➡ 0℃，1.013×10^5 Pa（標準状態）で，1 mol の気体の体積は**22.4 L**（←モル体積という。）

$$物質量〔mol〕= \frac{体積〔L〕}{22.4\,L/mol}（標準状態の気体）$$

標準状態で22.4 L の気体の質量 =（分子量）g ➡ 分子量が求められる。

基本問題

解答 ➡ 別冊 p.15

76 分子量・式量

できたらチェック。

次の各物質の分子量または式量を求めよ。（原子量；H = 1.0，C = 12，N = 14，O = 16，S = 32）

□ ①　二酸化炭素 CO_2　□ ②　プロパン C_3H_8　□ ③　グルコース $C_6H_{12}O_6$
□ ④　硫酸アンモニウム $(NH_4)_2SO_4$　□ ⑤　硝酸イオン NO_3^-

□ 77 原子量 〈テスト必出〉

天然の銅は，$^{63}_{29}Cu$ と $^{65}_{29}Cu$ の 2 種類の同位体からなる。その相対質量は，それぞれ62.9，64.9で，存在比は69.2%，30.8%である。銅の原子量を求めよ。

□ **78** 式量

ある金属元素Mの臭化物MBr_3の式量をXとする。この金属の酸化物M_2O_3の式量として正しいものを選べ。（原子量；O＝16，Br＝80）

ア　$X-432$　　イ　$X-216$　　ウ　$X-192$　　エ　$2X-432$

オ　$2X-216$　　カ　$2X-192$

例題研究》 **1. 次の⑴，⑵の問いに答えよ。**（原子量；H＝1.0，C＝12，アボガドロ定数$N_A=6.0\times10^{23}$/mol）

⑴　メタンCH_4 1.6gについて，次の**a**，**b**を求めよ。

a；含まれるメタン分子の数　　**b**；標準状態の体積（単位；L）

⑵　標準状態で，密度が1.43g/Lの気体の分子量を求めよ。

着眼　⑴　まず，物質量を求めて，分子数・気体の体積に換算する。
⑵　22.4Lの質量＝1molの質量＝（分子量）g

解き方　⑴　メタンの分子量が$CH_4=16$より，メタンのモル質量は16g/mol

よって，物質量は $\dfrac{1.6\,\mathrm{g}}{16\,\mathrm{g/mol}}=0.10\,\mathrm{mol}$

a；$6.0\times10^{23}/\mathrm{mol}\times0.10\,\mathrm{mol}=6.0\times10^{22}$

b；$22.4\,\mathrm{L/mol}\times0.10\,\mathrm{mol}=2.24\,\mathrm{L}\fallingdotseq2.2\,\mathrm{L}$

⑵　1Lの質量が1.43gであるから，22.4Lの質量は，

$1.43\,\mathrm{g/L}\times22.4\,\mathrm{L}\fallingdotseq32.0\,\mathrm{g}$　よって，分子量は32.0

答　⑴ **a**；6.0×10^{22}個　**b**；2.2L　⑵ 32.0

79 質量と物質量

エタノールC_2H_6Oが2.3gある。次の⑴～⑶に答えよ。（原子量；H＝1.0，C＝12，O＝16，アボガドロ定数$N_A=6.0\times10^{23}$/mol）

□ ⑴　このエタノールの物質量は何molか。

□ ⑵　このエタノール中にはエタノール分子は何個含まれるか。

□ ⑶　このエタノール中の炭素原子，水素原子，酸素原子は，合わせて何molか。

80 原子・分子・イオンの質量

次の⑴～⑶の質量を求めよ。（原子量；H＝1.0，C＝12.0，O＝16.0，Na＝23.0，アボガドロ定数$N_A=6.0\times10^{23}$/mol）

□ ⑴　炭素原子1個　□ ⑵　水分子1個　□ ⑶　ナトリウムイオン1個

ガイド　N_A個の粒子の質量はM〔g〕，M；原子量・分子量・式量。

81 気体の物質量・体積・密度 〈テスト必出〉

次の(1)〜(4)に答えよ。（原子量；C＝12.0，N＝14.0，O＝16.0，アボガドロ定数 $N_A=6.0\times10^{23}$/mol）

□ (1)　標準状態で，二酸化炭素 CO_2 5.6L の物質量は何 mol か。

□ (2)　標準状態で，酸素 O_2 1.12L には，酸素分子が何個含まれるか。

□ (3)　窒素 N_2 2.8g の体積は，標準状態で何 L か。

□ (4)　標準状態で，密度が1.25g/L の気体の分子量はいくらか。

82 気体の体積と質量

標準状態で2.8L の気体について，次の(1)〜(3)に答えよ。（原子量；O＝16.0，アボガドロ定数 $N_A=6.0\times10^{23}$/mol）

□ (1)　この気体中に含まれる分子の数は何個か。

□ (2)　この気体が酸素であるとすると，質量は何 g か。

□ (3)　この気体の質量が2.0g とすると，分子量はいくらか。

応用問題

できたらチェック。

解答 ➡ 別冊 p.16

□ **83** 〈差がつく〉 天然のホウ素は $^{10}_{5}B$ と $^{11}_{5}B$ の2種類の同位体からなり，その原子量は10.8である。天然における $^{10}_{5}B$ の存在比は，次のどの値に最も近いか。

ア　10%　　イ　20%　　ウ　40%　　エ　60%　　オ　80%

□ **84** 天然の炭素は ^{12}C と ^{13}C からなり，炭素の原子量は12.01である。2.01g のダイヤモンドに含まれる ^{13}C の原子の数は何個か。ただし，^{13}C の相対質量は13.00とし，アボガドロ定数 $N_A=6.0\times10^{23}$/mol とする。

ガイド　相対質量と原子量から ^{13}C の存在比がわかる。

□ **85** ある金属 M の *w*〔g〕を酸化して M_2O_3 の化学式で表される酸化物 *m*〔g〕を得た。この金属 M の原子量を求めよ。（原子量；O＝16）

□ **86** 〈差がつく〉 原子量152の元素 X の酸化物を分析すると，その酸化物中において X の質量が86.4%を占めていた。この酸化物の組成式として最も適当なものを選べ。（原子量；O＝16）

ア　X_2O　　イ　XO　　ウ　X_2O_3　　エ　XO_2　　オ　X_2O_5

87 次の(1)〜(3)の問いに，最も適するものを記号で答えよ。(原子量；H＝1.0，C＝12，N＝14，O＝16，Na＝23，Cl＝35.5，Ar＝40)

□ (1) 次の各物質が10gずつあるとき，物質量の最も大きいものはどれか。また，最も小さいものはどれか。

ア　二酸化炭素　　イ　水　　ウ　水素　　エ　窒素　　オ　酸素

□ (2) 次の各物質が0.1molずつあるとき，質量の最も大きいものはどれか。また，最も小さいものはどれか。

ア　二酸化炭素　　イ　水　　ウ　酸素

エ　塩化ナトリウム　　オ　塩化物イオン

□ (3) 同温・同圧で，密度の最も大きい気体はどれか。また，最も小さい気体はどれか。

ア　窒素　　イ　水素　　ウ　酸素　　エ　メタン　　オ　アルゴン

88 **モル質量 M〔g/mol〕の気体分子について，次の(1)〜(4)に示す値を，問題文中の適切な記号を用いて表せ。ただし，アボガドロ定数を N_A〔/mol〕，標準状態における気体 1 mol の体積(モル体積)を V_m〔L/mol〕とする。**

□ (1) 気体分子 1 個の質量〔g〕

□ (2) 気体 m〔g〕中の分子数

□ (3) 標準状態の気体 v〔L〕の質量〔g〕

□ (4) 標準状態における気体の密度〔g/L〕

□ **89** **1種類の元素からなる結晶をX線で調べたら，一辺の長さ6.0×10^{-8}cmの立方体の中に4個の原子が含まれていることがわかった。この元素の原子量を求めよ。ただし，この結晶の密度を4.0g/cm^3，アボガドロ定数を $N_A=6.0\times10^{23}$/molとする。**

ガイド　6.0×10^{23}個の原子の質量を求める。

□ **90** **ネオンとアルゴンの混合気体がある。この気体の密度は標準状態で1.34g/Lであった。この気体中のネオンとアルゴンの物質量の比として最も適当なものを選べ。**(原子量；Ne＝20，Ar＝40)

ア　3：1　　イ　2：1　　ウ　1：1　　エ　1：2　　オ　1：3

ガイド　混合気体1molを考え，ネオンの物質量をxとして，混合気体1molの質量を考える。

9　溶液の濃度と固体の溶解度

テストに出る重要ポイント

- **溶液の濃度**
  ① **質量パーセント濃度〔%〕**…溶液100 g 中の溶質の質量〔g〕で表す。

  $$質量パーセント濃度〔\%〕=\frac{溶質の質量〔g〕}{溶液の質量〔g〕}\times 100$$

  ② **モル濃度〔mol/L〕**…溶液 1 L 中の溶質の物質量〔mol〕で表す。

  $$モル濃度〔mol/L〕=\frac{溶質の物質量〔mol〕}{溶液の体積〔L〕}$$

- **溶液の濃度の換算**…質量パーセント濃度 x〔%〕とモル濃度 c〔mol/L〕の両者には，溶液の密度を d〔g/cm³〕，溶質のモル質量を M〔g/mol〕とすると，右の関係がある。

  $$c=1000\times d\times\frac{x}{100}\times\frac{1}{M}$$

  - 溶液1000mLを考える。
  - 溶液1Lの質量〔g〕
  - 溶液1L中の溶質の質量〔g〕
  - 溶液1L中の溶質の物質量〔mol〕

- **固体の溶解度**
  ① **固体の溶解度**…溶媒100 g に溶けうる溶質の質量〔g〕で表す。
  ② **冷却による析出量**…飽和水溶液 w〔g〕を冷却したときの析出量 x〔g〕；
  (100＋冷却前の溶解度)：(溶解度の差)＝ w：x
  ③ **水和水を含む結晶**…水和水は，溶解すると水となり，析出すると結晶に含まれる。
  水和物の析出量 ➡ **(w－x)：(冷却後の溶液中の無水物の質量)**
  ＝(100＋冷却後の溶解度)：(冷却後の溶解度)

基本問題

解答 ➡ 別冊 p.17

できたらチェック。

□ **91** 質量パーセント濃度

水100 g に硝酸カリウム60.0 g を溶かしたとき，この水溶液の質量パーセント濃度を求めよ。また，この水溶液10.0 g には何 g の硝酸カリウムが溶けているか。

□ **92** 混合水溶液の質量パーセント濃度

3.0%の塩化ナトリウム水溶液60 g と5.0%の塩化ナトリウム水溶液20 g を混合した水溶液の質量パーセント濃度はいくらか。

□ **93** モル濃度 テスト必出

水酸化ナトリウム8.0gを水に溶かして200mLの水溶液とした。この水溶液のモル濃度を求めよ。（原子量；H＝1.0，O＝16，Na＝23）

□ **94** モル濃度から溶質の質量 テスト必出

0.10mol/Lの水酸化ナトリウム水溶液50mL中に溶けている水酸化ナトリウムは何gか。（原子量；H＝1.0，O＝16，Na＝23）

例題研究》 **2. 市販の濃硝酸は60.0%の硝酸の水溶液で，密度が1.36g/cm³である。この濃硝酸のモル濃度を求めよ。**（原子量；H＝1.0，N＝14，O＝16）

着眼 モル濃度は，溶液1Lに溶けている物質量で表されるので，溶液1Lを考え，その中に溶けている溶質の物質量を求めればよい。

解き方 濃硝酸1Lの質量は，　$1000\times1.36\,\text{g}$

濃硝酸1L中のHNO_3の質量は，$1000\times1.36\times\dfrac{60.0}{100}\,\text{g}$

濃硝酸1L中のHNO_3の物質量は，分子量が$HNO_3=63$より，

$$1000\times1.36\times\frac{60.0}{100}\times\frac{1}{63}\fallingdotseq13\,\text{mol}$$

濃硝酸1L中にはHNO_3が13mol溶けているので，モル濃度は13mol/L。

答　13mol/L

□ **95** 質量パーセント濃度からモル濃度 テスト必出

密度1.16g/cm³の塩酸は，HClを31.5%含む。この塩酸のモル濃度を求めよ。
（原子量；H＝1.0，Cl＝35.5）

96 固体の溶解度と質量パーセント濃度

塩化ナトリウムの20℃の水100gに対する溶解度は36.0である。

□ (1) 20℃の塩化ナトリウム飽和水溶液の質量パーセント濃度はいくらか。

□ (2) 20℃の質量パーセント濃度10.0%の塩化ナトリウム水溶液200gにさらに何gの塩化ナトリウムが溶けるか。

□ **97** 冷却したときの析出量

40℃の硝酸カリウム飽和水溶液300gを10℃に冷却すると，何gの硝酸カリウムの結晶が析出するか。硝酸カリウムの水100gに対する溶解度は，10℃のとき22.0g，40℃のとき64.0gとする。

□ **98** 水和物の溶解

28℃における無水炭酸ナトリウム Na_2CO_3 の水**100 g**への溶解度は**40 g**である。水和物 $Na_2CO_3 \cdot 10H_2O$ の**1 mol**を溶解させて，**28℃**の飽和水溶液をつくるのに必要な水は何gか。(式量・分子量；$Na_2CO_3 = 106$，$H_2O = 18$)

応用問題

できたらチェック。

解答 ➡ 別冊 *p.18*

□ **99** 〈差がつく〉 **2.0 mol/L** 水酸化ナトリウム水溶液の密度は**1.1 g/cm³**である。この水酸化ナトリウム水溶液の質量パーセント濃度はいくらか。(式量；$NaOH = 40$)

□ **100** **0.10 mol/L** の塩化ナトリウム水溶液**200 mL** と**0.40 mol/L** の塩化ナトリウム水溶液**300 mL** を混合した。混合後のモル濃度を求めよ。ただし，混合後の体積は，**500 mL** とする。

101 〈差がつく〉 市販の濃硫酸は，密度が**1.83 g/cm³**で，硫酸 H_2SO_4 を**96.0%**含む。次の各問いに答えよ。(原子量；H = 1.0，O = 16.0，S = 32.0)

□ (1) 濃硫酸のモル濃度を求めよ。

□ (2) 濃硫酸20 mL 中に含まれる H_2SO_4 は何 mol か。

□ (3) 0.10 mol/L 硫酸水溶液500 mL をつくるには，濃硫酸を何 mL 必要とするか。

ガイド　(3)それぞれの水溶液中の H_2SO_4 の物質量を等しくする。

□ **102** **2.00 mol/L** 塩酸を**500 mL** つくるには，質量パーセント濃度**30.0%**，密度**1.10 g/cm³**の塩酸が何 **mL** 必要か。(分子量；$HCl = 36.5$)

□ **103** **60℃**の塩化カリウム飽和水溶液を**20℃**まで冷却したところ，KCl の結晶が**2.80 g** 析出した。飽和水溶液ははじめ何 **g** あったか。水**100 g** に対する塩化カリウムの溶解度は**60℃**で**46.0**，**20℃**で**32.0**である。

□ **104** 水**100 g** に対する無水硫酸銅(Ⅱ)の溶解度は，**20℃**で**20 g**，**60℃**で**40 g** である。**60℃**における硫酸銅(Ⅱ)飽和水溶液**100 g** を**20℃**まで冷却するとき，析出する硫酸銅(Ⅱ)五水和物 $CuSO_4 \cdot 5H_2O$ の結晶は何 **g** か。
(式量・分子量；$CuSO_4 = 160$，$H_2O = 18$)

10 化学反応式と量的関係

★テストに出る重要ポイント

▶ 化学反応式のつくり方（目算法）

①	反応物を左辺に，生成物を右辺に書く。	両辺を→で結ぶ $C_2H_6 + O_2 \longrightarrow CO_2 + H_2O$（反応物／生成物）
②	最も複雑なエタンの係数を仮に1とする。	$1C_2H_6 + O_2 \longrightarrow CO_2 + H_2O$（係数を1とおく）
③	C，Hの数を両辺で等しくする。	$1C_2H_6 + O_2 \longrightarrow 2CO_2 + 3H_2O$（Hの数を等しくする／Cの数を等しくする）
④	Oの数を両辺で等しくする。	$1C_2H_6 + \frac{7}{2}O_2 \longrightarrow 2CO_2 + 3H_2O$（Oの数を等しくする）
⑤	係数を最も簡単な整数比にする。1は省略する。	$2C_2H_6 + 7O_2 \longrightarrow 4CO_2 + 6H_2O$

▶ 化学反応式が表す量的関係

化学反応式で，「**係数の比＝物質量の比＝体積比（気体）**」となる。

		CH_4	+	$2O_2$	⟶	CO_2	+	$2H_2O$
化学反応式（分子量）		16		32		44		18
物質量（分子の数）		1mol（6.0×10^{23}）		2mol（$6.0 \times 10^{23} \times 2$）		1mol（6.0×10^{23}）		2mol（$6.0 \times 10^{23} \times 2$）
質量		16g		32×2g		44g		18×2g
気体	体積（標準状態）0℃，1.0×10^5 Pa	22.4L		22.4×2L		22.4L		（液体）
気体	体積比（同温・同圧）	1	：	2	：	1		（液体）

▶ イオン反応式…水溶液中のイオン間の反応を表したもの。

➡ 左右両辺で**各元素の原子数と電荷の和が等しくなるように**係数を合わせる。

基本問題

解答 ➡ 別冊 p.19

例題研究》 3．プロパン C_3H_8 を完全燃焼させると，二酸化炭素と水が生成する。次の(1)，(2)の問いに答えよ。（原子量；H＝1.0，C＝12，O＝16）〈テスト必出〉

(1) この反応を化学反応式で表せ。

(2) プロパン8.8gを燃焼させたとき，次の**a**，**b**を求めよ。

a　生成する水の質量は何gか。

b　生成する二酸化炭素の標準状態における体積は何Lか。

着眼 (1)　C_3H_8 と O_2 が反応して CO_2 と H_2O が生成する。

(2)　まず，プロパン8.8gの物質量(mol)を求め，化学反応式の「係数の比＝物質量の比」より H_2O と CO_2 の物質量を導き，質量，体積(気体)に換算する。

解き方 (1)　(　)C_3H_8 ＋(　)O_2 ⟶ (　)CO_2 ＋(　)H_2O　において，

C_3H_8 の係数を1とおき，CとHの数を合わせる。

(1)C_3H_8 ＋(　)O_2 ⟶ (3)CO_2 ＋(4)H_2O

Oの数を合わせる。(1)C_3H_8 ＋(5)O_2 ⟶ (3)CO_2 ＋(4)H_2O

(2)　C_3H_8＝44より，モル質量は44g/molであるから，

C_3H_8 8.8gの物質量は，$\dfrac{8.8\,\text{g}}{44\,\text{g/mol}} = 0.20\,\text{mol}$

a；化学反応式の係数より，C_3H_8 1molから H_2O 4molが生成する。

H_2O＝18より，モル質量は18g/molであるから，H_2O の質量は，

$18\,\text{g/mol} \times 0.20\,\text{mol} \times 4 = 14.4\,\text{g} \fallingdotseq 14\,\text{g}$

b；化学反応式の係数より，C_3H_8 1molから CO_2 3molが生成するから，

CO_2 の体積は，$22.4\,\text{L/mol} \times 0.20\,\text{mol} \times 3 = 13.44\,\text{L} \fallingdotseq 13\,\text{L}$

答　(1) $C_3H_8 + 5O_2 \longrightarrow 3CO_2 + 4H_2O$　(2) **a**；14g　**b**；13L

105　化学反応式の係数　テスト必出

できたらチェック。

次の化学反応式の係数をつけよ。ただし，係数1も記入せよ。

□ (1)　(　)C_2H_4 ＋(　)O_2 ⟶ (　)CO_2 ＋(　)H_2O

□ (2)　(　)C_2H_6O ＋(　)O_2 ⟶ (　)CO_2 ＋(　)H_2O

□ (3)　(　)Zn ＋(　)HCl ⟶ (　)$ZnCl_2$ ＋(　)H_2

□ (4)　(　)Na ＋(　)H_2O ⟶ (　)NaOH ＋(　)H_2

□ (5)　(　)Al ＋(　)H_2SO_4 ⟶ (　)$Al_2(SO_4)_3$ ＋(　)H_2

□ (6)　(　)Cu ＋(　)H_2SO_4 ⟶ (　)$CuSO_4$ ＋(　)SO_2 ＋(　)H_2O

106　イオン反応式の係数

次のイオン反応式の係数をつけよ。ただし，係数1も記入せよ。

□ (1)　(　)Pb^{2+} ＋(　)Cl^- ⟶ (　)$PbCl_2$

□ (2)　(　)Al^{3+} ＋(　)OH^- ⟶ (　)$Al(OH)_3$

□ (3)　(　)FeS ＋(　)H^+ ⟶ (　)Fe^{2+} ＋(　)H_2S

□ (4)　(　)Ca^{2+} ＋(　)PO_4^{3-} ⟶ (　)$Ca_3(PO_4)_2$

107 化学反応式

次の化学変化を化学反応式で表せ。

□ (1)　エタン C_2H_6 を燃焼させると，二酸化炭素と水が生じる。

□ (2)　亜鉛に希硫酸を加えると，硫酸亜鉛と水素になる。

□ (3)　過酸化水素水に触媒として酸化マンガン(Ⅳ) MnO_2 を加えると，水と酸素に分解する。

108 イオン反応式

次の化学変化をイオン反応式で表せ。

□ (1)　食塩水に硝酸銀水溶液を加えると，塩化銀の沈殿が生じた。

□ (2)　塩化バリウム水溶液に希硫酸を加えると，硫酸バリウムの沈殿が生じた。

□ (3)　塩化鉄(Ⅱ)水溶液に水酸化ナトリウム水溶液を加えると，水酸化鉄(Ⅱ)の沈殿が生じた。

109 化学反応式と量的関係　テスト必出

次の問いに答えよ。(原子量；H＝1.0，C＝12，O＝16，Na＝23.0，Cl＝35.5，Ca＝40，Ag＝108)

□ (1)　炭酸カルシウム10.0gを完全に溶かすには，20.0%の塩酸が何g必要か。

□ (2)　10.0%の塩化ナトリウム水溶液100gに硝酸銀水溶液を十分加えた。塩化銀の沈殿は何g生じたか。

110 水素の完全燃焼　テスト必出

水素を完全燃焼させた。次の各問いに答えよ。(原子量；H＝1.0，O＝16.0)

□ (1)　2.0gの水素から得られる水は，何gか。

□ (2)　標準状態で，5.6Lの水素から得られる水は，何gか。

□ (3)　4.5gの水が生成したとすると，標準状態で何Lの酸素が消費されたか。

111 気体間の反応と体積

一酸化炭素と酸素を同温・同圧でそれぞれ10Lずつとり，混合した。この混合気体に点火したところ，一酸化炭素は完全に燃焼して二酸化炭素になった。

□ (1)　このときの変化を化学反応式で表せ。

□ (2)　燃焼後の混合気体を，はじめと同温・同圧にしたときの体積は何Lか。

ガイド　化学反応式の係数比＝気体の体積比(同温・同圧)。

112 メタノールの燃焼 テスト必出

メタノール CH_4O を空気中で完全に燃焼させた。次の各問いに答えよ。

(原子量；H＝1.0，C＝12，O＝16)

□ (1)　この燃焼の反応を化学反応式で表せ。

□ (2)　燃焼したメタノールを3.2gとして，次の**a**，**b**を求めよ。

a　生じた水は何gか。　　**b**　生じた二酸化炭素は標準状態で何Lか。

□ (3)　生じた二酸化炭素が8.0Lのとき，反応した酸素は同温・同圧で何Lか。

ガイド　(1) C，HまたはC，H，Oからなる化合物を空気中で燃焼させると，CO_2 と H_2O が生成する。　(3) 同温・同圧の気体の体積は，物質量に比例する。

□ **113** 過酸化水素の分解

過酸化水素水 H_2O_2 を酸化マンガン(Ⅳ)で分解したところ，標準状態で，2.8L の酸素が発生した。反応した過酸化水素は何gか。(原子量；H＝1.0，O＝16.0)

応用問題

解答 → 別冊 p.22

できたらチェック。

114 次の(1)，(2)の反応の化学反応式中の x の値を記せ。

□ (1)　$x\mathrm{KMnO_4} + a\mathrm{HCl} \longrightarrow b\mathrm{MnCl_2} + c\mathrm{KCl} + d\mathrm{H_2O} + e\mathrm{Cl_2}$

□ (2)　$a\mathrm{Ca_3(PO_4)_2} + b\mathrm{SiO_2} + x\mathrm{C} \longrightarrow c\mathrm{CaSiO_3} + d\mathrm{CO} + e\mathrm{P_4}$

115 次の(1)〜(3)の反応を化学反応式で表せ。

□ (1)　銅に希硝酸を加えると，一酸化窒素を発生して硝酸銅(Ⅱ) $Cu(NO_3)_2$ と水が生じた。

□ (2)　アンモニアと空気の混合気体を加熱した白金網に触れさせると，一酸化窒素と水が生成した。

□ (3)　酸化マンガン(Ⅳ) MnO_2 と濃塩酸を加熱すると，塩素を発生して塩化マンガン(Ⅱ) $MnCl_2$ と水を生成した。

□ **116** 差がつく **塩酸と酸化マンガン(Ⅳ)の混合物を加熱すると，次の反応にしたがって塩素を発生する。**　$\mathrm{MnO_2} + 4\mathrm{HCl} \longrightarrow \mathrm{MnCl_2} + 2\mathrm{H_2O} + \mathrm{Cl_2}$

いま，30%の塩酸(密度1.17 g/cm³) 100 mL と酸化マンガン(Ⅳ) 17.4 g の混合物を加熱すると発生する塩素は標準状態で何Lか。(原子量；H＝1.0，O＝16，Cl＝35.5，Mn＝55)

ガイド　塩酸と酸化マンガン(Ⅳ)のどちらがすべて反応するかを考えよ。

□ **117** 濃度未知の塩化カルシウム水溶液がある。この塩化カルシウム水溶液20.0 mL に十分量の希硫酸を加えたところ，1.36 g の白色沈殿を生じた。塩化カルシウム水溶液の濃度は何 mol/L か。(原子量；O＝16，S＝32，Ca＝40)

□ **118** 900 mL の空気を無声放電管に通したところ，酸素の一部がオゾンに変化し，気体の総体積が888 mL になった。空気中の酸素の何 mL がオゾンに変化したか。ただし，気体の体積は，同温・同圧におけるものとする。

ガイド　x〔mL〕の O_2 が O_3 になると，体積はどれだけ減少するかを考える。

□ **119** 同温，同圧下で 3 体積の気体分子 A と 1 体積の気体分子 B が過不足なく反応して，2 体積の気体化合物 C が生成した。A の分子量を M_A，B の分子量を M_B とすると，4 g の A から生成する C の量は何 g か。次のア～オから選べ。

ア　$\dfrac{12M_A+4M_B}{3M_A}$　イ　$\dfrac{3M_A+M_B}{2}$　ウ　$\dfrac{4(M_A+M_B)}{3M_B}$

エ　$\dfrac{4(M_A+M_B)}{M_A}$　オ　$\dfrac{8}{3M_A}$

120 メタノール CH_3OH とエタノール C_2H_5OH の混合物がある。これに酸素を加えて完全に反応させたところ，二酸化炭素5.28 g と液体の水3.78 g を生じた。次の各問いに答えよ。(原子量；H＝1.0，C＝12.0，O＝16.0)

□ (1)　メタノールとエタノールは最初何 mol ずつあったか。

□ (2)　燃焼に消費された酸素は何 mol か。

□ **121** 差がつく 塩化リチウムと塩化ナトリウムの混合物がある。その1.00 g をとって水溶液とし，これに十分な量の硝酸銀水溶液を加え，生じた沈殿をろ別，水洗，乾燥後，質量を測ったところ2.95 g あった。最初の混合物中の塩化リチウムは混合物全体の質量の何％を占めていたか。(原子量；Li＝6.9，Na＝23.0，Cl＝35.5，Ag＝108.0)

ガイド　塩化リチウムと塩化ナトリウムをそれぞれ x〔g〕，y〔g〕として2つの式をつくる。

□ **122** 標準状態で x〔L〕の一酸化炭素と y〔L〕の酸素を混合したところ，密度が $\dfrac{4}{3}$ g/L であった。この混合気体に点火し，完全燃焼後，再び標準状態で体積を測定したところ11 L であった。x，y を求めよ。(原子量；C＝12，O＝16)

ガイド　密度を表す式，反応後の11 L となった式を x と y で表し，2つの式から導く。

11 酸と塩基

テストに出る重要ポイント

酸と塩基の定義と酸性・塩基性

① アレニウスの酸・塩基の定義…水溶液中において，
酸 ➡ H^+ を生じる物質　塩基 ➡ OH^- を生じる物質

② ブレンステッド・ローリーの酸・塩基の定義…反応において，
酸 ➡ H^+ を与える分子・イオン　塩基 ➡ H^+ を受け取る分子・イオン

③ 酸性…H^+ のはたらき ➡ 青色リトマス紙を赤色，塩基性を打ち消す。
▶ H^+ は水溶液ではオキソニウムイオン H_3O^+ として存在。
└H^+ が水分子と配位結合

④ 塩基性…OH^- のはたらき ➡ 赤色リトマス紙を青色，酸性を打ち消す。

電離度と酸・塩基の強弱

▶電離度 $\alpha = \dfrac{\text{電離した電解質の物質量}}{\text{溶かした電解質の物質量}}$

① 強酸…電離度の大きい酸 ➡ HCl，H_2SO_4，HNO_3 ⇐この3つが重要
└ほぼ1とみてよい。
弱酸…電離度の小さい酸 ➡ CH_3COOH，H_2S，HF，炭酸水
└CO_2 の水溶液

② 強塩基…電離度の大きい塩基
└ほぼ1とみてよい。
➡ NaOH，KOH，$Ba(OH)_2$，$Ca(OH)_2$ ⇐この4つが重要
弱塩基…電離度の小さい塩基または水に溶けにくい塩基
➡ NH_3，$Mg(OH)_2$，$Fe(OH)_3$

酸・塩基の価数…1分子または組成式に相当する粒子から放出される H^+ または OH^- の数。 例 1価の酸；HCl，2価の塩基；$Ca(OH)_2$

基本問題

できたらチェック。

解答 ➡ 別冊 p.23

□ **123** 酸・塩基の定義 〈テスト必出〉

次の文中の(　)に，適する語句または化学式を記入せよ。

アンモニアを水に溶かすと，次のように反応して電離する。

$$NH_3 + H_2O \rightleftarrows NH_4^+ + OH^-$$

① ブレンステッド・ローリーの酸・塩基の定義によると，アンモニアは H^+ を(ア)ので(イ)であり，水は H^+ を(ウ)ので(エ)である。

② アレニウスの酸・塩基の定義によると，アンモニアは水溶液中で(オ)を生じるので(カ)である。

124 酸・塩基の強弱と価数

次の化合物①～⑧は，下のⓐ～ⓗのどれに相当するか。

□ ①　NH_3　□ ②　H_2SO_4　□ ③　HNO_3　□ ④　NaOH
□ ⑤　$Ca(OH)_2$　□ ⑥　HCl　□ ⑦　CH_3COOH　□ ⑧　KOH

ⓐ　1価の強酸　ⓑ　1価の弱酸　ⓒ　1価の強塩基
ⓓ　1価の弱塩基　ⓔ　2価の強酸　ⓕ　2価の弱酸
ⓖ　2価の強塩基　ⓗ　2価の弱塩基

□ 125 酸と塩基

次の文のうち，正しいものをすべて選べ。

ア　H^+ を多く出す酸が強酸だから，2価の酸は1価の酸より強酸である。
イ　酸には必ず酸素が含まれている。
ウ　OH をもつ化合物はすべて塩基である。
エ　アンモニアは，分子中に OH^- をもたないので，塩基ではない。
オ　濃度の大きいときでも，電離度が1に近い酸を強酸という。

例題研究》 4. **0.10 mol/L の酢酸水溶液の酢酸の電離度は0.017である。水素イオン濃度（H^+ のモル濃度）$[H^+]$ はいくらか。**

着眼　$電離度=\dfrac{電離した酢酸の物質量}{溶かした酢酸の物質量}$ である。1Lの酢酸水溶液について考える。

解き方　0.10 mol/L の酢酸水溶液1L には CH_3COOH が0.10 mol 溶けている。
電離度0.017より，電離した酢酸の物質量は，電離度の式より，

$0.10\,mol \times 0.017 = 0.0017\,mol$

$CH_3COOH \rightleftarrows CH_3COO^- + H^+$ より，電離した CH_3COOH と H^+ の物質量は互いに等しい。
したがって，H^+ のモル濃度（水素イオン濃度）は0.0017 mol/L である。

答　0.0017 mol/L

□ 126 アンモニア水の電離度　テスト必出

アンモニアは，$NH_3 + H_2O \rightleftarrows NH_4^+ + OH^-$ のように電離する。**0.10 mol/L** のアンモニア水中には，NH_4^+ および OH^- がどちらも **1.3×10^{-3} mol/L** の濃度で存在する。アンモニア水の電離度を求めよ。

応用問題

解答 ➡ 別冊 p.24

127 〈差がつく〉 次の化学反応式において，下線部の物質は，ブレンステッド・ローリーの酸・塩基の定義によると，酸・塩基のどちらか。

できたらチェック。

□ (1) $HCl + \underline{H_2O} \longrightarrow H_3O^+ + Cl^-$

□ (2) $\underline{Na_2CO_3} + HCl \longrightarrow NaHCO_3 + NaCl$

□ (3) $\underline{CH_3COONa} + H_2O \longrightarrow CH_3COOH + NaOH$

□ (4) $Na_2CO_3 + \underline{H_2O} \longrightarrow NaHCO_3 + NaOH$

ガイド　H^+ の授受に着目する。

□ **128** 電離度に関する次の記述ア～オのうち，誤っているものを選べ。

ア　同一温度における弱酸の電離度は，濃度が小さいほど大きい。

イ　同一濃度における弱酸の電離度は，温度によって異なる。

ウ　水によく溶け，電離度の大きい酸・塩基をそれぞれ強酸・強塩基という。

エ　同一温度において，1価の弱酸の濃度を$\frac{1}{2}$にすると，水素イオン濃度も$\frac{1}{2}$になる。

オ　1価の弱酸水溶液のモル濃度を c〔mol/L〕，この弱酸の電離度を α とすると，水素イオン濃度は $c\alpha$〔mol/L〕である。

129 次の(1)，(2)の問いに答えよ。（原子量；H＝1.0，C＝12.0，O＝16.0）

□ (1) ある1価の酸0.20 mol を水に溶かしたら，水素イオンが0.0010 mol 存在していることがわかった。この酸の電離度はいくらか。また，この酸は強酸・弱酸のいずれに属するか。

□ (2) 酢酸 CH_3COOH 15.0 g を水に溶かして500 mL とした酢酸水溶液の水素イオン濃度は3.0×10^{-3} mol/L であった。この酢酸の電離度はいくらか。

130 **標準状態で2.24 L のアンモニアを，水に溶かして500 mL としたアンモニア水の電離度が1.0×10^{-2}であった。次の(1)～(3)の問いに答えよ。ただし，アボガドロ定数は6.0×10^{23}/mol とする。**

□ (1) 水酸化物イオン濃度は何 mol/L か。

□ (2) この水溶液1.0 mL 中に水酸化物イオン OH^- は何個存在するか。

□ (3) この水溶液中に存在するアンモニア分子 NH_3 は，水酸化物イオン OH^- の何倍か。

12 酸と塩基の反応

★テストに出る重要ポイント

- **中和反応**…酸の H^+ と塩基の OH^- から H_2O が生成し，同時に塩が生成。
  （中和反応←単に中和ともいう）

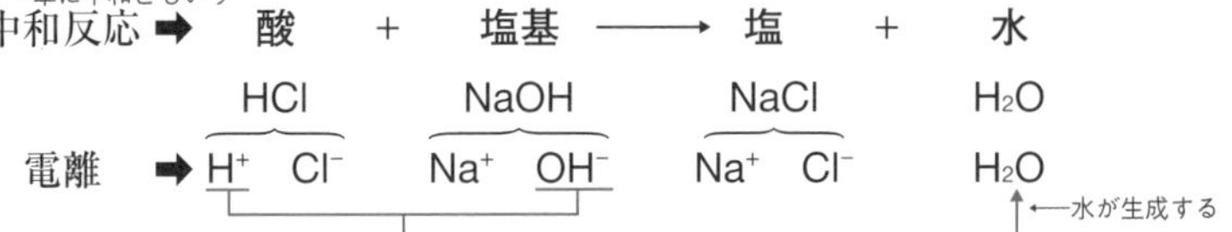

- **塩**…塩基の陽イオンと酸の陰イオンからできた化合物。

- **中和反応の量的関係**

中和の条件 ➡ **酸の H^+ の物質量 ＝ 塩基の OH^- の物質量**

① **酸・塩基の物質量と中和**… a 価の酸 n〔mol〕と b 価の塩基 n'〔mol〕がちょうど中和したとき

$$a \times n = b \times n'$$ ➡ 酸の価数×酸の物質量＝塩基の価数×塩基の物質量

（H^+の物質量＝OH^-の物質量）

② **水溶液どうしの中和**…c〔mol/L〕の a 価の酸の水溶液 V〔L〕と，c'〔mol/L〕の b 価の塩基の水溶液 V'〔L〕がちょうど中和したとき，

$$a \times c \times V = b \times c' \times V'$$ ←体積の単位に注意 $1\,\mathrm{mL} = \frac{1}{1000}\,\mathrm{L}$

（H^+ の物質量 ＝ OH^- の物質量）

③ **固体と水溶液との中和**…モル質量 M〔g/mol〕，a 価の酸（塩基）の固体 w〔g〕と，c〔mol/L〕の b 価の塩基（酸）の水溶液 V〔L〕とがちょうど中和したとき，

$$a \times \frac{w}{M} = b \times c \times V$$

（H^+（OH^-）の物質量 ＝ OH^-（H^+）の物質量）

- **中和滴定の器具**

① **ホールピペット**…一定体積の液体を正確にとる器具。
➡ 蒸留水で洗った後，とる試料液体で洗ってから使用。（←溶液の濃度がうすくならないように）

② **メスフラスコ**…一定濃度の溶液をつくるとき，一定体積の溶液とする器具。➡ 蒸留水で洗ったまま使用。（←溶質の量に影響しない）

③ **ビュレット**…滴下した体積をはかる器具。➡ 蒸留水で洗った後，滴下する試料液体で洗ってから使用。（←溶液の濃度がうすくならないように）

④ **メスシリンダーやこまごめピペット**…精度が低く，滴定器具には用いない。

基本問題

解答 → 別冊 p.25

131 化学反応式 テスト必出

できたらチェック。

次の酸と塩基が完全に中和反応するときの化学反応式を書け。

□ (1) 塩酸と水酸化カルシウム
□ (2) 硫酸と水酸化ナトリウム
□ (3) 硫酸と水酸化バリウム
□ (4) リン酸と水酸化カルシウム

132 中和反応と物質量

次の各問いに答えよ。

□ (1) 硫酸0.2 mol とちょうど中和する水酸化ナトリウムの物質量は何 mol か。
□ (2) 硫酸0.4 mol とちょうど中和する水酸化カルシウムの物質量は何 mol か。
□ (3) 酢酸0.6 mol とちょうど中和する水酸化カルシウムの物質量は何 mol か。

133 H^+ と OH^- の物質量

次の物質量を求めよ。(原子量;H = 1.0, O = 16, Ca = 40)

□ (1) 0.10 mol/L の塩酸200 mL から生じる H^+ の物質量。
□ (2) 0.20 mol/L の水酸化カルシウム水溶液400 mL から生じる OH^- の物質量。
□ (3) 水酸化カルシウム3.7 g の固体から生じる OH^- の物質量。

ガイド 酸・塩基の価数に着目する。

例題研究》 5. 酸と塩基の中和についての次の(1), (2)の問いに答えよ。
(原子量;H = 1.0, O = 16, Ca = 40)

(1) 希硫酸10.0 mL に, 0.10 mol/L の水酸化ナトリウム水溶液を加えたところ, 16.0 mL でちょうど中和した。この希硫酸のモル濃度はいくらか。

(2) 0.20 mol/L の塩酸100.0 mL を中和するには, 水酸化カルシウムの固体何 g が必要か。

着眼 「酸の H^+ の物質量=塩基の OH^- の物質量」として求める。

解き方 (1) 希硫酸の濃度を x〔mol/L〕とすると, 硫酸は 2 価の酸より,

$$2 \times x \times \frac{10.0}{1000} = 1 \times 0.10 \times \frac{16.0}{1000} \quad \therefore \quad x = 0.080\,\text{mol/L}$$

(2) 求める $Ca(OH)_2$ を y〔g〕とすると, $Ca(OH)_2$ の式量74, 価数 2 より,

$$1 \times 0.20 \times \frac{100.0}{1000} = 2 \times \frac{y}{74} \quad \therefore \quad y = 0.74\,\text{g}$$

答 (1) 0.080 mol/L (2) 0.74 g

134 溶液どうしの中和 〈テスト必出〉

次の(1)，(2)の問い に答えよ。

□ (1) 0.050 mol/L の硫酸40.0 mL を中和するのに，0.080 mol/L の水酸化ナトリウム水溶液は何 mL 必要か。

□ (2) 0.025 mol/L の硫酸10.0 mL を中和するのに，水酸化カルシウム水溶液が12.5 mL 必要であった。この水酸化カルシウム水溶液のモル濃度を求めよ。

□ 135 固体と溶液との中和 〈テスト必出〉

シュウ酸二水和物の結晶 $(COOH)_2 \cdot 2H_2O$ 1.26 g を一定量の水に溶かした。この水溶液を中和するには，0.50 mol/L 水酸化ナトリウム水溶液が何 mL 必要か。
(原子量；H = 1.0，C = 12.0，O = 16.0)

例題研究〉 6. 次の実験について，あとの(1)〜(3)の問いに答えよ。

〔実験〕濃度不明の塩酸10.0mL を(A)でとり，100 mL の(B)に入れて，10倍に純水でうすめた。うすめた塩酸の10.0 mL を(A)でとり，コニカルビーカーに入れた。これに指示薬を加え，(C)から0.10 mol/L 水酸化ナトリウム水溶液を滴下したら7.0 mL の滴下で指示薬が変色した。

(1) A〜C に適する実験器具を次から選び，記号で答えよ。

ア　メスシリンダー　　イ　ビュレット　　ウ　ホールピペット
エ　こまごめピペット　　オ　メスフラスコ

(2) A〜C のうちで，純水で洗浄後，ぬれたまま使用できるのはどれか。

(3) 濃度不明の塩酸のモル濃度を求めよ。

着眼　滴定に用いる３つの器具の役目に着目。洗浄の仕方は，濃度の影響の有無による。

解き方　(1) A；10.0 mL を正確にとるのはホールピペットである。
B；正確な濃度の100 mL 溶液をつくるのはメスフラスコである。
C；溶液の滴下した体積をはかるのはビュレットである。なお，メスシリンダーやこまごめピペットは精度が低いので，滴定には用いない。

(2) メスフラスコは，水でぬれていても溶質の塩化水素の量に影響しない。

(3) うすめた塩酸の濃度を x〔mol/L〕とすると，酸・塩基とも 1 価なので，

$$1 \times x \times \frac{10.0}{1000} = 1 \times 0.10 \times \frac{7.0}{1000} \qquad \therefore \quad x = 0.070\,\text{mol/L}$$

よって，もとの塩酸の濃度は，0.070 mol/L × 10 = 0.70 mol/L

答　(1) A；ウ　B；オ　C；イ　(2) B　(3) 0.70 mol/L

136 中和滴定 テスト必出

次の文を読んで，あとの(1)～(3)の問いに答えよ。

うすい酢酸水溶液（溶液 **A**）の濃度を知るため，その溶液10.0 mL をはかりとり，濃度が0.10 mol/L の水酸化ナトリウム水溶液（溶液 **B**）を用いて中和滴定を行った。

□ (1)　溶液 **A** をはかりとる器具，溶液 **B** を滴下する器具のそれぞれの名称を記せ。

□ (2)　溶液 **B** を滴下する器具の使い方①～④のうち，最も適したものを選べ。

①　純水でよく洗った後，加熱乾燥して使う。

②　純水でよく洗った後，直ちに溶液 **B** を入れて使用する。

③　純水でよく洗った後，器具の内部を少量の溶液 **B** で数回洗い，熱風を送って乾燥してから使う。

④　純水でよく洗った後，器具の内部を少量の溶液 **B** で数回洗い，直ちに溶液 **B** を入れて使用する。

□ (3)　この滴定を 3 回繰り返した結果，溶液 **A** の中和に必要な溶液 **B** の体積の平均は8.20 mL であった。溶液 **A** のモル濃度はいくらか。

応用問題

できたらチェック。

解答 → 別冊 p.26

□ **137** **0.10 mol/L の酢酸水溶液50.0 mL と0.12 mol/L の希硫酸50.0 mL を混合した水溶液を5.0％の水酸化ナトリウム水溶液で中和したとき，反応する水酸化ナトリウム水溶液の体積は何 mL か。原子量は H＝1.0，O＝16.0，Na＝23.0，水酸化ナトリウム水溶液の密度は1.0 g/cm³とする。**

138 差がつく 次の文を読んで，あとの(1)，(2)に答えよ。（原子量；H＝1.0，N＝14.0）

1.0 mol/L の希硫酸20.0 mL に指示薬を加え，ある量のアンモニアを吸収させた。アンモニアを吸収させた後の水溶液は，まだ酸性であり，これを中和するのに0.50 mol/L の水酸化ナトリウム水溶液36.0 mL を要した。

□ (1)　水酸化ナトリウム水溶液によって中和された酸は何 mol の硫酸に相当するか。

□ (2)　はじめに吸収されたアンモニアは何 g か。

ガイド　アンモニアは 1 価の塩基である。

□ **139** 差がつく **2 価の酸0.300 g を含む水溶液を完全に中和するのに，0.100 mol/L の水酸化ナトリウム水溶液40.0 mL を要した。この酸の分子量を求めよ。**

□ **140** **市販の食酢を正確に10倍に希釈した。この希釈した水溶液10.0 mL を0.100 mol/L の水酸化ナトリウム水溶液で滴定したところ，7.00 mL 滴下したとき，ちょうど中和した。もとの食酢中の酢酸の質量パーセント濃度を求めよ。ただし，食酢の密度を1.00 g/cm^{3}とし，食酢中に含まれる酸は，すべて酢酸であるとする。**
(分子量；CH_3COOH＝60.0)

141 **次の文章①～⑥は，シュウ酸水溶液を水酸化ナトリウム水溶液で中和滴定し，水酸化ナトリウム水溶液の濃度を決定する場合の操作を示したものである。これをもとにあとの(1)，(2)の問いに答えよ。**

① （ **a**)にシュウ酸の結晶を入れ，化学てんびんで正確に測る。
② シュウ酸の結晶を完全にビーカーに移し，少量の(**b**)を注いで結晶を完全に溶解させる。
③ シュウ酸水溶液を(**c**)に移したのち，(**b**)を加えて正確に１Ｌの水溶液とする。
④ シュウ酸水溶液を(**d**)で正確に測り，(**e**)に完全に流し出して指示薬を２～３滴加える。
⑤ (**f**)色の紙をシュウ酸が入った(**e**)の下にしき，液の色の変化を見やすくする。
⑥ 水酸化ナトリウム水溶液を(**g**)から少量ずつシュウ酸水溶液に滴下し，溶液の色がかすかに変色する点を終点とする。

□ (1) 上の文中の空欄 **a** ～ **g** に最も適する用語を，次のア～チから選べ。

ア メスシリンダー　　イ メスフラスコ　　ウ ホールピペット
エ 秤量びん　　オ ビーカー　　カ コニカルビーカー
キ ビュレット　　ク 枝つきフラスコ　　ケ エタノール
コ 分液ろうと　　サ 蒸留水　　シ フェノールフタレイン
ス メチルオレンジ　　セ 赤　　ソ 青
タ 緑　　チ 白

□ (2) ④で用いられる実験器具(**d**)および(**e**)が最初に水(蒸留水)でぬれていた場合，どのように使用するのが適当か。次のア～ウのうちからそれぞれ選べ。

ア 水でぬれているままでよい。　　イ 火で乾かしてから使用する。
ウ シュウ酸水溶液でよくすすいでから使用する。

ガイド (2)では，シュウ酸の量に影響があるかどうかに着目。

13 水素イオン濃度とpH

テストに出る重要ポイント

水素イオン濃度$[H^+]$・水酸化物イオン濃度$[OH^-]$とpH

① $[H^+]$＝（1価の酸のモル濃度）×（電離度）
　$[OH^-]$＝（1価の塩基のモル濃度）×（電離度）
　└強酸・強塩基の電離度は1

② **$[H^+]=1.0\times10^{-n}$ mol/L のとき pH＝n**

〔酸性・中性・塩基性，$[H^+]$，$[OH^-]$，pHの関係〕

強 ← 酸性 ―― 中性 ―― 塩基性 → 強

pH	0	1	2	3	4	5	6	7	8	9	10	11	12	13	14	
$[H^+]$	1	10^{-1}	10^{-2}	10^{-3}	10^{-4}	10^{-5}	10^{-6}	10^{-7}	10^{-8}	10^{-9}	10^{-10}	10^{-11}	10^{-12}	10^{-13}	10^{-14}	〔mol/L〕
$[OH^-]$	10^{-14}	10^{-13}	10^{-12}	10^{-11}	10^{-10}	10^{-9}	10^{-8}	10^{-7}	10^{-6}	10^{-5}	10^{-4}	10^{-3}	10^{-2}	10^{-1}	1	〔mol/L〕

水のイオン積 K_w 発展 …$K_w=[H^+][OH^-]=1.0\times10^{-14}$(mol/L)^2
└25℃における数値

➡ 水や水溶液中の$[H^+]$と$[OH^-]$の積は，同じ温度では常に一定。

➡ $[H^+]$，$[OH^-]$の一方がわかると，他方が導かれる。

常用対数を用いたpHの求め方 発展 … $pH=-\log_{10}[H^+]$

➡ $[H^+]=m\times10^{-n}$ mol/L のとき，$pH=-\log_{10}(m\times10^{-n})=n-\log_{10}m$

中和の滴定曲線…酸・塩基の強弱により次のような滴定曲線になる。

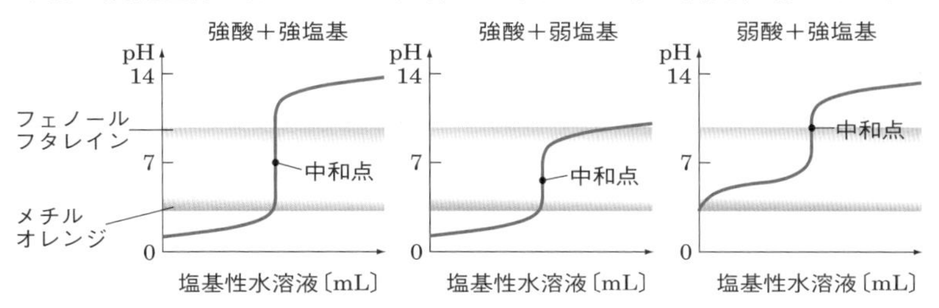

▶**pH指示薬**；中和点を求めるために用いる（上図参照）。

- **強酸＋強塩基** ➡ フェノールフタレイン，またはメチルオレンジ
- **強酸＋弱塩基** ➡ メチルオレンジ
- **弱酸＋強塩基** ➡ フェノールフタレイン

二段階中和

炭酸ナトリウム水溶液を塩酸で滴定すると2段階で中和反応が起こる。

$Na_2CO_3 + HCl \longrightarrow NaHCO_3 + NaCl$ ➡ フェノールフタレインが変色

$NaHCO_3 + HCl \longrightarrow NaCl + CO_2 + H_2O$ ➡ メチルオレンジが変色

基本問題

解答 ➡ 別冊 p.27

必要であれば次の図を用いよ。

[H⁺]と[OH⁻]の関係図（25℃）

[H⁺]〔mol/L〕	1	10^{-1}	10^{-2}	10^{-3}	10^{-4}	10^{-5}	10^{-6}	10^{-7}	10^{-8}	10^{-9}	10^{-10}	10^{-11}	10^{-12}	10^{-13}	10^{-14}
[OH⁻]〔mol/L〕	10^{-14}	10^{-13}	10^{-12}	10^{-11}	10^{-10}	10^{-9}	10^{-8}	10^{-7}	10^{-6}	10^{-5}	10^{-4}	10^{-3}	10^{-2}	10^{-1}	1

できたらチェック。

□ **142** 水溶液中の[H⁺]と[OH⁻]の関係

次の文中の[　]には適する化学式，(　)には適する語句または数値を記入せよ。

水はごくわずかが $H_2O \rightleftarrows$ [　ア　] + [　イ　]のように電離している。このとき，(ウ)の濃度と(エ)の濃度は等しく，25℃で(オ)mol/L である。水に酸を溶かすと，(ウ)の濃度は増加し，(エ)の濃度は減少する。

143 酸・塩基の濃度と[H⁺]，[OH⁻]

次の(1)～(4)の水溶液の[H⁺]と[OH⁻]を求めよ。温度は25℃とする。

□ (1)　0.10 mol/L の希塩酸　　□ (2)　0.050 mol/L の酢酸，電離度0.020

□ (3)　0.10 mol/L の水酸化ナトリウム水溶液

□ (4)　0.10 mol/L のアンモニア水，電離度0.010

□ **144** [H⁺]と[OH⁻]，pH

次の表の空欄ア～ケに適する数値，語句を記入せよ。温度は25℃とする。

[H⁺]	[OH⁻]	pH	性質
1.0×10^{-4} mol/L	ア　mol/L	イ	ウ　性
1.0×10^{-9} mol/L	エ　mol/L	オ	カ　性
1.0×10^{-7} mol/L	キ　mol/L	ク	ケ　性

□ **145** 水溶液の pH の比較

次の水溶液 A ～ D を，pH の大きいものから順に並べるとどうなるか。最も適当なものを，下のア～カのうちから 1 つ選べ。

A　0.100 mol/L アンモニア水　　B　0.100 mol/L 水酸化カリウム水溶液

C　0.100 mol/L 希塩酸　　D　0.100 mol/L 酢酸水溶液

ア　A ＞ B ＞ D ＞ C　　イ　A ＝ B ＞ D ＞ C　　ウ　B ＞ A ＞ C ＝ D

エ　B ＞ A ＞ D ＞ C　　オ　C ＞ D ＞ A ＞ B　　カ　C ＞ D ＞ A ＝ B

例題研究〉 7. 次の(1), (2)の問いに答えよ。温度は25℃とする。

(1)　0.010 mol/L の希塩酸の pH を求めよ。

(2)　5.5×10^{-2} mol/L のアンモニア水の pH は11であった。この水溶液におけるアンモニアの電離度を求めよ。

着眼　(1)　$[H^+]$＝(１価の酸のモル濃度)×(電離度)および$[H^+]=1.0\times10^{-n}$ mol/Lのとき，pH＝n の関係から求める。

(2)　p.52の関係図，または$[H^+][OH^-]=1.0\times10^{-14}(mol/L)^2$より$[OH^-]$を導く。さらに$[OH^-]$＝(１価の塩基のモル濃度)×(電離度)の関係から求める。

解き方　(1)　塩酸は１価の強酸であり，電離度が１であるから，

$[H^+]=0.010\times1=1.0\times10^{-2}$ mol/L

よって，pH＝2

(2)　pH＝11より，$[H^+]=1.0\times10^{-11}$ mol/L

$[H^+]$と$[OH^-]$の関係図より，$[OH^-]=1.0\times10^{-3}$ mol/L

（**発展** または，$[H^+][OH^-]=1.0\times10^{-14}(mol/L)^2$より，

$$[OH^-]=\frac{1.0\times10^{-14}}{1.0\times10^{-11}}=1.0\times10^{-3}\ mol/L$$）

アンモニアの電離度を α とすると，

$[OH^-]=5.5\times10^{-2}\ mol/L\times\alpha=1.0\times10^{-3}$ mol/L　　∴　$\alpha\fallingdotseq0.018$

答　(1) 2　　(2) 0.018

146 pH 〈テスト必出

次の(1)〜(5)の水溶液の pH を求めよ。温度は25℃とする。

□ (1)　0.10 mol/L の希塩酸。

□ (2)　0.10 mol/L の希塩酸1.0 mL に水を加えて100 mL とした水溶液。

□ (3)　0.010 mol/L の酢酸水溶液，酢酸の電離度を0.010とする。

□ (4)　0.010 mol/L の水酸化ナトリウム水溶液。

□ (5)　0.050 mol/L のアンモニア水，アンモニアの電離度を0.020とする。

147 pH と電離度

次の(1), (2)の溶質(酢酸・アンモニア)の電離度を求めよ。温度は25℃とする。

□ (1)　6.0 mol/L の酢酸水溶液の pH は２であった。

□ (2)　0.040 mol/L のアンモニア水の pH は11であった。

ガイド　$[H^+]$＝(１価の酸のモル濃度)×(電離度)，
$[OH^-]$＝(１価の塩基のモル濃度)×(電離度)

148 二段階中和

右図は，0.10 mol/L の炭酸ナトリウム水溶液10 mL に0.10 mol/L の塩酸を滴下したときの滴定曲線である。

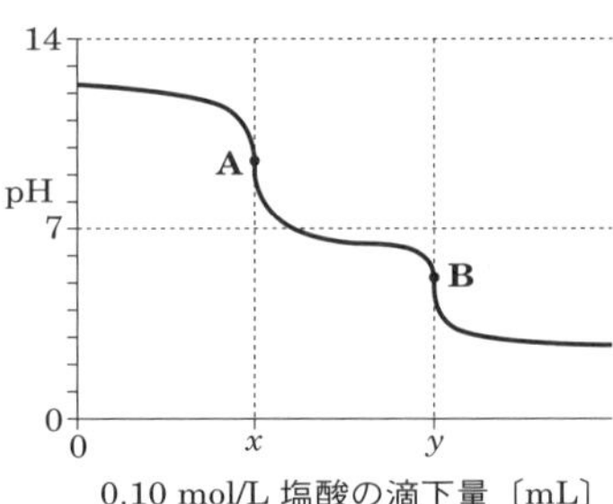

□ (1)　図の x と y の値はいくらか。

□ (2)　図の **A** 点と **B** 点を知るのに最も適している指示薬をそれぞれ次のア～エから選べ。

ア　リトマス

イ　メチルオレンジ

ウ　ブロモチモールブルー　　エ　フェノールフタレイン

ガイド　1段階で反応する Na_2CO_3 と HCl，また2段階で反応する HCl の物質量は等しい。

応用問題

解答 ➡ 別冊 p.29

□ **149** **次の pH に関する記述ア～オのうちから，正しいものを 1 つ選べ。**

ア　0.010 mol/L の硫酸の pH は，同じ濃度の硝酸の pH より大きい。

イ　0.10 mol/L の酢酸の pH は，同じ濃度の塩酸の pH より小さい。

ウ　pH3の塩酸を10^5倍にうすめると，溶液の pH は 8 になる。

エ　0.10 mol/L のアンモニア水の pH は，同じ濃度の水酸化ナトリウム水溶液の pH より小さい。

オ　pH12の水酸化ナトリウム水溶液を10倍にうすめると，pH は13になる。

150 差がつく **次の(1)，(2)の混合水溶液の pH を求めよ。ただし，混合による体積変化はないものとし，温度は25℃とする。**

□ (1)　0.050 mol/L の希塩酸600 mL と0.050 mol/L の水酸化ナトリウム水溶液400 mL を混合した水溶液。

□ (2)　0.10 mol/L の希塩酸45 mL と0.10 mol/L の水酸化ナトリウム水溶液55 mL を混合した水溶液。

□ **151** **0.20 mol/L の希塩酸を0.20 mol/L の水酸化ナトリウム水溶液で中和するとき，中和に必要な量の99.9% を加えたときの混合水溶液の pH は，次のア～オのどの値に最も近いか。ただし，混合による体積変化はないものとする。**

ア　3　　イ　4　　ウ　5　　エ　6　　オ　7

ガイド　希塩酸100.0 mL に水酸化ナトリウム水溶液99.9 mL 加えた溶液を考える。

□ **152** 濃度が**0.10 mol/L**である酸**a**・**b**を**10 mL**ずつとり，それぞれ，濃度が**0.10 mol/L**の水酸化ナトリウム水溶液で滴定し，滴下量と溶液の**pH**を調べた。下の図に示した滴定曲線を与える酸の組み合わせとして最も適当なものを下の表のア～カから選べ。

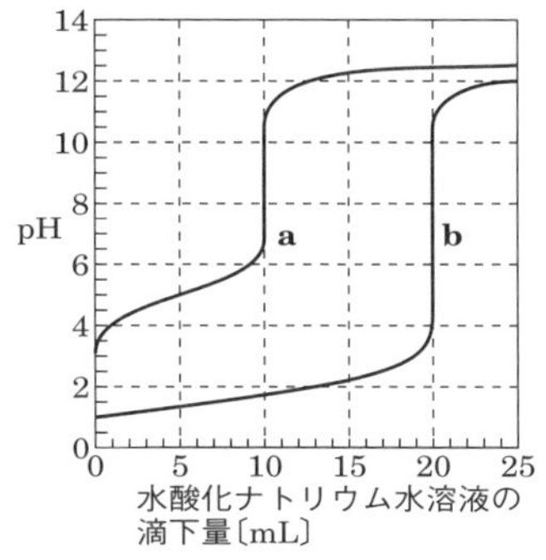

	a	b
ア	塩酸	酢酸
イ	酢酸	塩酸
ウ	硫酸	塩酸
エ	塩酸	硫酸
オ	硫酸	酢酸
カ	酢酸	硫酸

ガイド　酸の強弱と価数に着目。

153 右図の滴定曲線について，次の問いに答えよ。

□ (1) 図の滴定曲線が得られる酸・塩基の組み合わせとして最も適当なものは，次のア～ウのどれか。

ア　0.1 mol/L HCl と0.1 mol/L NaOH

イ　0.1 mol/L CH_3COOH と0.1 mol/L NaOH

ウ　0.1 mol/L HCl と0.1 mol/L アンモニア水

□ (2) 図の滴定における指示薬として最も適当なものを次から選べ。また，それを選んだ理由を簡単に述べよ。

ア　メチルオレンジ　　イ　リトマス　　ウ　フェノールフタレイン

エ　ブロモチモールブルー

□ **154** 水酸化ナトリウムと炭酸ナトリウム(無水)の混合固体**2.92 g**を水に溶かして**100 mL**とし，その**10.0 mL**をとって，**0.20 mol/L**の希塩酸を用いて滴定したところ，右図のような滴定曲線となった。初めの混合固体中の水酸化ナトリウムは何**g**であったか。(原子量；H＝1.0，C＝12.0，O＝16.0，Na＝23.0)

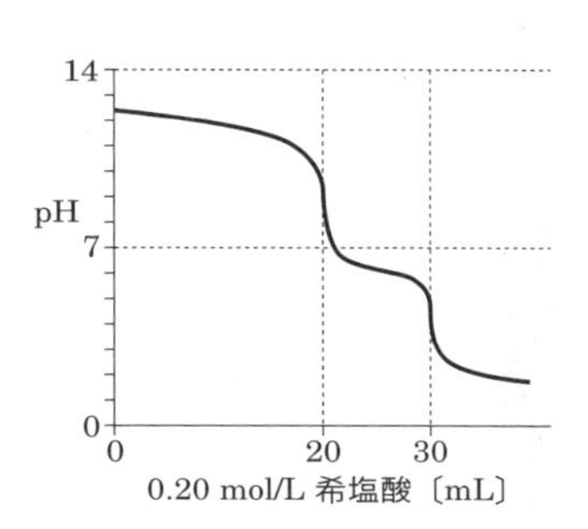

14 塩の性質

★テストに出る重要ポイント

- **塩の生成**…塩は酸と塩基の中和以外にもさまざまな反応で生成する。
  - ① 酸＋塩基　例 $HCl + NaOH \longrightarrow \underline{NaCl} + H_2O$
  - ② 酸性酸化物＋塩基　$CO_2 + Ca(OH)_2 \longrightarrow \underline{CaCO_3} + H_2O$
  - ③ 酸＋塩基性酸化物　$2HCl + CaO \longrightarrow \underline{CaCl_2} + H_2O$
  - ④ 酸性酸化物＋塩基性酸化物　$CO_2 + CaO \longrightarrow \underline{CaCO_3}$
  - ⑤ 金属＋酸　$Zn + H_2SO_4 \longrightarrow \underline{ZnSO_4} + H_2$
  - ⑥ 金属単体＋非金属単体　$Cu + Cl_2 \longrightarrow \underline{CuCl_2}$

  ▶**非金属の酸化物**には**酸性酸化物**が多く，**金属の酸化物**には**塩基性酸化物**が多い。
- **塩の種類**…次の 3 種類。**名称と塩の水溶液の性質は関係がない。**
  - ① **正塩**…H^+，OH^- を含まない塩。　例 $NaCl$，K_2SO_4
  - ② **酸性塩**…H^+ が含まれている塩。　$NaHCO_3$，$KHSO_4$
  - ③ **塩基性塩**…OH^- が含まれている塩。　$CuCl(OH)$
- **正塩の水溶液の性質**…構成する酸・塩基の強いほうの性質を示す。

塩の構成		水溶液の性質	例
強　酸	強塩基	ほぼ中性	$NaCl$，K_2SO_4
強　酸	弱塩基	酸性	NH_4Cl，$CuSO_4$
弱　酸	強塩基	塩基性	Na_2CO_3，CH_3COONa

- **塩の加水分解** 発展 …塩が電離して生じたイオンと，水との反応。
  - 例 $CH_3COONa \longrightarrow CH_3COO^- + Na^+$（ほぼ完全に電離）
  - ➡ 生じた CH_3COO^- の一部が水と反応して OH^- を生じる。（CH_3COONa 水溶液が塩基性を示す理由）
  - $CH_3COO^- + H_2O \rightleftarrows CH_3COOH + OH^-$
- **酸性塩の水溶液の性質**…塩を構成する酸のイオンの強弱が関係。
  - ① $NaHSO_4$…HSO_4^-（強酸のイオン）が電離して H^+ を生じるため，酸性。
  - ② $NaHCO_3$…HCO_3^-（弱酸のイオン）の加水分解により OH^- を生じるため，塩基性。
- **弱酸の遊離**；弱酸の塩＋**強酸** $\longrightarrow$ **強酸の塩**＋弱酸
  - 例 $\underline{CH_3COONa} + HCl \longrightarrow NaCl + \underline{CH_3COOH}$
- **弱塩基の遊離**；弱塩基の塩＋**強塩基** $\longrightarrow$ **強塩基の塩**＋弱塩基
  - 例 $\underline{NH_4Cl} + NaOH \longrightarrow NaCl + \underline{NH_3} + H_2O$

基本問題

解答 → 別冊 p.30

155 塩の生成

できたらチェック。

次の(1)〜(6)がそれぞれ完全に反応したとき生成する塩を化学式で表せ。

□ (1) 水酸化バリウム水溶液に希硫酸を加えた。
□ (2) アンモニアに塩化水素を触れさせた。
□ (3) 水酸化ナトリウム水溶液に二酸化炭素を吸収させた。
□ (4) 酸化銅(Ⅱ)に希硫酸を加えた。
□ (5) 希塩酸にマグネシウム粉末を加えた。
□ (6) 塩素ガス中に銅片を入れた。

ガイド 「完全に反応」とあるから，正塩のみの化学式を書く。

156 正塩と酸性塩の生成

次の(1)〜(3)のそれぞれにおいて，**a** 正塩が生成する反応，**b** 酸性塩が生成する反応の化学反応式を書け。

□ (1) 希硫酸に水酸化ナトリウム水溶液を加えた。
□ (2) リン酸水溶液に水酸化ナトリウム水溶液を加えた。
□ (3) 塩化ナトリウムに濃硫酸を加えて加熱した。

ガイド (2)では，酸性塩が２種類あるので，化学反応式は３種類となる。

157 塩の種類

次の(1)〜(9)の塩について，正塩には **A**，酸性塩には **B**，塩基性塩には **C** を記せ。

□ (1) $NaHSO_4$　□ (2) $AgNO_3$　□ (3) NH_4Cl
□ (4) $MgCl(OH)$　□ (5) CH_3COONa　□ (6) $Ca(HCO_3)_2$
□ (7) NaH_2PO_4　□ (8) $CuCl(OH)$　□ (9) $Al_2(SO_4)_3$

158 塩の性質 テスト必出

次の(1)〜(6)の塩の水溶液は，ほぼ中性，酸性，塩基性のいずれを示すか。

□ (1) 塩化アンモニウム水溶液　□ (2) 炭酸ナトリウム水溶液
□ (3) 硫酸銅(Ⅱ)水溶液　□ (4) 硝酸カリウム水溶液
□ (5) 硫酸ナトリウム水溶液　□ (6) 酢酸ナトリウム水溶液

ガイド HCl，H_2SO_4，HNO_3 は強酸，$NaOH$，KOH，$Ca(OH)_2$，$Ba(OH)_2$ は強塩基であることに着目する。

□ **159** 塩の加水分解 発展

次の文中の(　)内に適する語句または化学式を記入せよ。

酢酸ナトリウム CH_3COONa を水に溶かすと，次のように完全に(ア)する。

$$CH_3COONa \longrightarrow CH_3COO^- + Na^+$$

このとき，酢酸イオン CH_3COO^- は，酢酸の電離度が(イ)いため，その一部が(ウ)と反応して，次のように酢酸分子と(エ)イオンを生じる。

$$CH_3COO^- + (\text{ オ }) \rightleftarrows CH_3COOH + (\text{ カ })$$

このため，水溶液中の(エ)イオンの濃度が(キ)イオンの濃度より大きくなり，水溶液は弱い(ク)性を示すことになる。このように，塩を水に溶かしたとき，(ウ)と反応して(エ)イオンなどを生じる変化を，塩の加水分解という。

160 弱酸・弱塩基の遊離

次の反応のうち，弱酸の遊離であるものには A，弱塩基の遊離であるものには B，揮発性の酸の遊離であるものには C，それ以外の反応には D を記せ。

□ (1)　$2NH_4Cl + Ca(OH)_2 \longrightarrow CaCl_2 + 2NH_3 + 2H_2O$

□ (2)　$Na_2CO_3 + SiO_2 \longrightarrow Na_2SiO_3 + CO_2$

□ (3)　$CaCO_3 + 2HCl \longrightarrow CaCl_2 + CO_2 + H_2O$

□ (4)　$FeS + H_2SO_4 \longrightarrow FeSO_4 + H_2S$

□ (5)　$NaCl + H_2SO_4 \longrightarrow NaHSO_4 + HCl$

応用問題

解答 ➡ 別冊 *p.31*

161 差がつく　次のア～カの塩のうち，(1)～(6)にあてはまるものを選べ。

できたらチェック。

ア　$NaHCO_3$　　イ　$CuSO_4$　　ウ　$MgCl(OH)$　　エ　KNO_3

オ　$KHSO_4$　　カ　Na_2CO_3

□ (1)　正塩で，水溶液がほぼ中性を示す。

□ (2)　正塩で，水溶液が酸性を示す。

□ (3)　正塩で，水溶液が塩基性を示す。

□ (4)　酸性塩で，水溶液が酸性を示す。

□ (5)　酸性塩で，水溶液が弱塩基性を示す。

□ (6)　塩基性塩である。

□ **162**　次の塩の水溶液を，pH の大きい順にア～エで書け。

ア　炭酸水素ナトリウム水溶液　　イ　硫酸カリウム水溶液

ウ　炭酸ナトリウム水溶液　　エ　塩化アンモニウム水溶液

□ **163** 差がつく 次の表の a 欄と b 欄に示す水溶液を同体積ずつ混合したとき，酸性を示すものを①～⑤のうちから 1 つ選べ。

	a	b
①	0.1 mol/L の塩酸	0.1 mol/L の水酸化バリウム水溶液
②	0.1 mol/L の塩化カリウム水溶液	0.1 mol/L の炭酸ナトリウム水溶液
③	0.1 mol/L の硫酸	0.2 mol/L の水酸化ナトリウム水溶液
④	0.1 mol/L の塩酸	0.1 mol/L の炭酸ナトリウム水溶液
⑤	0.1 mol/L の塩酸	0.1 mol/L の酢酸ナトリウム水溶液

ガイド　中和反応では酸・塩基の価数に，塩では酸・塩基の強弱に着目する。

164 次の物質の組み合わせ①～⑧のうち，水溶液があとの(1)，(2)にあてはまる組み合わせを 2 つずつ選べ。

① $CuSO_4$，CH_3COONa　② $Al_2(SO_4)_3$，NH_4Cl
③ Na_2CO_3，CaO　④ $NaHSO_4$，Na_2O
⑤ SO_2，$NaHSO_4$　⑥ Na_2SO_4，$NaCl$
⑦ $NaHCO_3$，CH_3COONa　⑧ Na_2SO_3，$FeCl_3$

□ (1) どちらも酸性を示す。　□ (2) どちらも塩基性を示す。

165 発展 次の文を読んで，あとの問いに答えよ。

塩化アンモニウムは，水溶液中で(ア)と(イ)に電離する。このうち，(ア)の一部は水と反応してオキソニウムイオンを生じるため，水溶液は(ウ)性を示す。

□ (1) 文中の(　)に適する語句を記入せよ。
□ (2) 文中の下線部の反応を反応式で記せ。

ガイド　中和により生じた塩が電離すると，塩基の陽イオンと酸の陰イオンに分かれる。

166 次の操作を行ったとき，化学変化が起こるものは完全に反応したときの全体の反応式を，化学変化が起こらないものは×を記せ。

□ (1) 硫酸カルシウムに十分な量の塩酸を加える。
□ (2) 炭酸ナトリウムに十分な量の塩酸を加える。
□ (3) 酸化カリウムに十分な量の硝酸を加える。
□ (4) 硫酸アンモニウムに十分な量の水酸化ナトリウム水溶液を加える。

ガイド　塩を生じる反応，弱酸・弱塩基の遊離，揮発性の酸の遊離などの可能性を考える。

15 酸化と還元

テストに出る重要ポイント

- **酸化と還元**…酸化・還元と酸素，水素，電子，酸化数の関係。

	酸化された	還元された
酸素 O	受け取った(増加した)	失った(減少した)
水素 H	失った(減少した)	受け取った(増加した)
電子 e^-	失った(減少した)	受け取った(増加した)
酸化数	増加した	減少した

- **酸化数の求め方**…酸化数は，次の①～④によって求める。

① 単体の原子の酸化数 ➡ 0　例 H_2 の H ➡ 0

② 単原子イオンの酸化数 ➡ イオンの電荷　例 Na^+ ➡ +1

③ 化合物の原子の酸化数 ➡ {Na，K，H は+1／O は−2} を基準；合計が 0

例 H_2SO_4；$(+1)\times2+(+6)+(-2)\times4=0$

〔例外〕NaH では H が−1。H_2O_2 では O が−1。

▶塩では酸を基準とする。AgCl では HCl より Cl の酸化数は−1。

④ 多原子イオンの酸化数 ➡ 合計がイオンの電荷；基準は③と同じ。

例 SO_4^{2-}；$(+6)+(-2)\times4=-2$（└イオンの電荷）

- **電子の授受・酸化数・酸化と還元の関係**

電子を**失った** ➡ 酸化数が**増加** ➡ **酸化**された。
電子を**受け取った** ➡ 酸化数が**減少** ➡ **還元**された。

- **酸化還元反応**…酸化数の変化のある反応。

① **酸化と還元は同時に起こる。** ➡ 電子を失った(酸化数が増加した)原子があれば，電子を受け取った(酸化数が減少した)原子がある。

② 単体が反応または生成する反応は，酸化還元反応である。

▶単体の原子の酸化数は 0，化合物の原子の酸化数は 0 ではないから，**単体が関係する反応は，必ず酸化数の変化がある。**

- **酸化・還元の判別**…原則として，次の①・②にしたがって判別する。

① **無機物質の反応** ➡ **酸化数の増減**による。
（└有機化合物以外の物質）

② **有機化合物の反応** ➡ **O(酸素原子)・H(水素原子)の増減**による。
（└炭素を含む化合物(CO，CO_2 は除く)）

できたらチェック。

基本問題

解答 ➡ 別冊 *p.33*

□ **167** 酸化・還元と電子

次の文中の(　)に適する語句や化学式，記号を入れよ。

銅を空気中で加熱すると，次のように反応して酸化銅(Ⅱ)となる。

$2Cu + (\text{ア}) \longrightarrow 2CuO$

このとき，銅は(イ)されたという。生じた CuO は Cu^{2+} と O^{2-} の結合となっているから，次のように，銅原子は(ウ)を失い，酸素原子は(ウ)を受け取ったことになる。

$2Cu \longrightarrow 2Cu^{2+} + 4(\text{エ})$　　　$O_2 + 4(\text{エ}) \longrightarrow 2O^{2-}$

このことから銅原子のように(ウ)を失ったとき，銅は(イ)されたという。また，酸素原子のように(ウ)を受け取ったとき，酸素は(オ)されたという。

168 酸化数 〈テスト必出〉

次の(1)～(15)の物質の下線部の原子の酸化数を求めよ。

□ (1) $\underline{H}_2$　　□ (2) $H_2\underline{S}$　　□ (3) $\underline{Al}_2O_3$
□ (4) $\underline{Mg}Cl_2$　　□ (5) $H_2\underline{S}O_4$　　□ (6) $H\underline{N}O_3$
□ (7) $\underline{Cu}(NO_3)_2$　　□ (8) $\underline{Fe}_2(SO_4)_3$　　□ (9) $\underline{Al}(OH)_3$
□ (10) $K\underline{Mn}O_4$　　□ (11) $\underline{Ca}^{2+}$　　□ (12) $\underline{S}^{2-}$
□ (13) $\underline{N}H_4^{+}$　　□ (14) $\underline{Cr}_2O_7^{2-}$　　□ (15) $\underline{P}O_4^{3-}$

ガイド　1. 構成原子の酸化数の総和は，化合物では 0，イオンではその電荷。
2. (4)，(7)，(8)などの塩はそれを構成する酸から陰イオンの電荷がわかる。

169 物質の変化と酸化・還元 〈テスト必出〉

次の(1)～(10)の変化において，もとの物質が，酸化されたものには O，還元されたものには R，いずれでもないものには N を記せ。

□ (1) $I_2 \longrightarrow KI$　　□ (2) $H_2S \longrightarrow S$
□ (3) $MnO_2 \longrightarrow MnCl_2$　　□ (4) $FeCl_2 \longrightarrow FeCl_3$
□ (5) $SO_3 \longrightarrow SO_4^{2-}$　　□ (6) $CrO_4^{2-} \longrightarrow Cr^{3+}$
□ (7) $Cr_2O_7^{2-} \longrightarrow CrO_4^{2-}$　　□ (8) $CH_3OH \longrightarrow HCHO$
□ (9) $CH_3COOH \longrightarrow CH_3CHO$　　□ (10) $C_2H_5OH \longrightarrow C_2H_4$

ガイド　1. 酸化数の増加した原子を含む ➡ 酸化された，
酸化数の減少した原子を含む ➡ 還元された。
2. 有機化合物の変化((8)，(9)，(10))は，O・H の増減に着目。

例題研究》 8. 次の(1), (2)の化学反応式について，酸化された物質を選べ。

(1) $Cl_2 + SO_2 + 2H_2O \longrightarrow H_2SO_4 + 2HCl$

(2) $2KMnO_4 + 3H_2SO_4 + 5H_2O_2 \longrightarrow K_2SO_4 + 2MnSO_4 + 8H_2O + 5O_2$

着眼 酸化数の増加した原子を含む物質が酸化された物質である。

解き方 ①単体の原子の酸化数は0，化合物の原子の酸化数は，K，Na，H の酸化数+1，O の酸化数−2を基準とし，合計を0として求める。

②酸化数が増加した原子を含む物質を選ぶ。

(1) 酸化数の変化　Cl；0 ⟶ −1　S；+4 ⟶ +6

よって，SO_2(S 原子)は酸化され，Cl_2(Cl 原子)は還元された。

(2) 酸化数の変化　Mn；+7 ⟶ +2　H_2O_2 の O；−1 ⟶ 0

H_2O_2 では，H の酸化数+1を基準とする。よって，O の酸化数は−1。

Mn の酸化数が減少したから，H_2O_2 の O の酸化数は増加したはずである。

したがって，H_2O_2 の変化は $H_2O_2 \longrightarrow H_2O$ ではなく，$H_2O_2 \longrightarrow O_2$

よって，H_2O_2(O 原子)は酸化され，$KMnO_4$(Mn 原子)は還元された。

答 (1) SO_2　(2) H_2O_2

□ **170** 酸化還元反応

次の①〜⑤の反応のうち，酸化還元反応でないものを1つ選べ。

① $MnO_2 + 4HCl \longrightarrow MnCl_2 + 2H_2O + Cl_2$

② $2KI + Cl_2 \longrightarrow 2KCl + I_2$

③ $2NH_4Cl + Ca(OH)_2 \longrightarrow CaCl_2 + 2NH_3 + 2H_2O$

④ $3Cu + 8HNO_3 \longrightarrow 3Cu(NO_3)_2 + 2NO + 4H_2O$

⑤ $2HgCl_2 + SnCl_2 \longrightarrow Hg_2Cl_2 + SnCl_4$

ガイド 酸化数の変化のある原子が存在する反応は酸化還元反応である。なお，単体の原子の酸化数は0，化合物の原子の酸化数は0ではないことに着目。

できたらチェック。 応用問題

解答 ⟶ 別冊 p.34

□ **171** **次のア〜カの化合物・イオンにおいて，下線部の原子の酸化数の大きい順に並べよ。**

ア	$\underline{Cr}_2O_7^{2-}$	イ	$H\underline{Cl}O_3$	ウ	$\underline{Pb}O_2$
エ	$\underline{Cu}SO_4$	オ	$\underline{Mn}O_4^-$	カ	$\underline{Fe}(OH)_3$

□ **172** 次の①～⑦で表される化学反応のうちで，両辺の下線部を比べたとき，硫黄原子が還元されている反応を2つ選べ。

① $\underline{FeS} + 2HCl \longrightarrow FeCl_2 + \underline{H_2S}$

② $CaCl_2 + \underline{H_2SO_4} \longrightarrow \underline{CaSO_4} + 2HCl$

③ $Cu + 2\underline{H_2SO_4} \longrightarrow CuSO_4 + \underline{SO_2} + 2H_2O$

④ $\underline{SO_3} + H_2O \longrightarrow \underline{H_2SO_4}$

⑤ $\underline{SO_2} + O_3 \longrightarrow \underline{SO_3} + O_2$

⑥ $\underline{Na_2SO_3} + H_2SO_4 \longrightarrow \underline{SO_2} + Na_2SO_4 + H_2O$

⑦ $\underline{SO_2} + 2H_2S \longrightarrow 3\underline{S} + 2H_2O$

ガイド　硫黄の酸化数が減少する反応を選ぶ。

□ **173** 次の①～⑥の反応のうち，酸化還元反応をすべて選び，酸化された原子，還元された原子をそれぞれ元素記号で示せ。

① $2CrO_4^{2-} + 2H^+ \longrightarrow Cr_2O_7^{2-} + H_2O$

② $Cr_2O_7^{2-} + 14H^+ + 3Sn^{2+} \longrightarrow 2Cr^{3+} + 7H_2O + 3Sn^{4+}$

③ $Cu^{2+} + H_2S \longrightarrow CuS + 2H^+$

④ $Ag_2O + 4NH_3 + H_2O \longrightarrow 2[Ag(NH_3)_2]^+ + 2OH^-$

⑤ $2Cu^{2+} + 4I^- \longrightarrow 2CuI + I_2$

⑥ $Cl_2 + SO_2 + 2H_2O \longrightarrow SO_4^{2-} + 2Cl^- + 4H^+$

174 差がつく 下に示す **a**～**e** はいずれも気体を発生する反応を表している。これらのうちから，次の①，②の記述中の(　)に該当するものを1つずつ選べ。

□ ①　反応(　　)では，単体または化合物中の金属原子が還元される。

□ ②　反応(　　)で発生した気体は，還元されてできたものである。

a $NaCl + H_2SO_4 \longrightarrow NaHSO_4$ + 気体

b $Zn + H_2SO_4 \longrightarrow ZnSO_4$ + 気体

c $CaCO_3 + 2HCl \longrightarrow CaCl_2 + H_2O$ + 気体

d $MnO_2 + 4HCl \longrightarrow MnCl_2 + 2H_2O$ + 気体

e $FeS + H_2SO_4 \longrightarrow FeSO_4$ + 気体

ガイド　①金属原子の酸化数が減少する反応である。
②反応式の両辺で原子数が等しいことから，発生した気体の化学式がわかる。

16 酸化剤と還元剤

テストに出る重要ポイント

▶ 酸化剤と還元剤

① {酸化剤…相手の物質を酸化する物質 ➡ 還元されやすい物質。
　 還元剤…相手の物質を還元する物質 ➡ 酸化されやすい物質。

② {酸化剤として作用…還元された ➡ 酸化数の減少した原子を含む。
　 還元剤として作用…酸化された ➡ 酸化数の増加した原子を含む。

▶ 酸化剤と還元剤の反応

① **酸化剤と還元剤の反応**…一方が酸化剤として作用したとき，他方は還元剤として作用して，互いに反応する。

② **酸化剤・還元剤のはたらき**…おもな酸化剤・還元剤の例

酸化剤のはたらき	還元剤のはたらき
$H_2O_2 + 2H^+ + 2e^- \rightarrow 2H_2O$（酸性）	$Fe^{2+} \rightarrow Fe^{3+} + e^-$
濃 $HNO_3 + H^+ + e^- \rightarrow H_2O + NO_2$	H_2O_2※ $\rightarrow O_2 + 2H^+ + 2e^-$
$MnO_4^- + 8H^+ + 5e^- \rightarrow Mn^{2+} + 4H_2O$（酸性）	$H_2C_2O_4 \rightarrow 2CO_2 + 2H^+ + 2e^-$
$Cr_2O_7^{2-} + 14H^+ + 6e^- \rightarrow 2Cr^{3+} + 7H_2O$	$H_2S \rightarrow S + 2H^+ + 2e^-$
SO_2※ $+ 4H^+ + 4e^- \rightarrow S + 2H_2O$	$Sn^{2+} \rightarrow Sn^{4+} + 2e^-$
	$SO_2 + 2H_2O \rightarrow SO_4^{2-} + 4H^+ + 2e^-$

※H_2O_2 は酸化剤であるが，反応の相手によって還元剤として反応することがある。
　SO_2 は還元剤であるが，反応の相手によって酸化剤として反応することがある。

③ **酸化還元反応のイオン反応式のつくり方**…酸化剤が受け取る電子 e^- の数と還元剤が放出する電子 e^- の数が等しくなるように組み合わせてつくる。➡ **電子 e^- を消去するように，酸化剤と還元剤の 2 つの反応式を合計する。**

例 （MnO_4^- の反応式）×2＋（$H_2C_2O_4$ の反応式）×5 より，

$$2MnO_4^- + 6H^+ + 5H_2C_2O_4 \longrightarrow 2Mn^{2+} + 8H_2O + 10CO_2$$

▶ 酸化剤と還元剤の反応の量的関係

① **反応の量的関係の求め方**…「係数比＝物質量比」から求める。

例 上記の例では　$MnO_4^-(KMnO_4) : H_2C_2O_4 = 2\,mol : 5\,mol$

② **酸化還元滴定**…酸化剤または還元剤の水溶液の濃度を滴定によって求める操作を**酸化還元滴定**という。

できたらチェック。

基本問題

解答 → 別冊 p.34

□ **175** 酸化剤・還元剤

次の文中の(　)に適する語句または数値を記入せよ。

$2KI + Cl_2 \longrightarrow 2KCl + I_2$

この反応でIの酸化数は(ア)から(イ)に変化し，Iは(ウ)されているので，KIは(エ)剤として作用している。Clの酸化数は(オ)から(カ)に変化し，Clは(キ)されているので，Cl_2は(ク)剤として作用している。

176 化学反応式と酸化剤・還元剤　テスト必出

次の(1)～(6)の化学反応式で，下線部の物質が，酸化剤として作用しているときはO，還元剤として作用しているときはR，いずれでもないときはNを記せ。

□ (1) $3\underline{Cu} + 8HNO_3 \longrightarrow 3Cu(NO_3)_2 + 4H_2O + 2NO$

□ (2) $2\underline{KI} + Br_2 \longrightarrow 2KBr + I_2$

□ (3) $\underline{Cl_2} + Na_2SO_3 + H_2O \longrightarrow 2HCl + Na_2SO_4$

□ (4) $\underline{MnO_2} + 4HCl \longrightarrow MnCl_2 + 2H_2O + Cl_2$

□ (5) $\underline{Mg} + 2HCl \longrightarrow MgCl_2 + H_2$　　□ (6) $2\underline{FeCl_2} + Cl_2 \longrightarrow 2FeCl_3$

例題研究》 9. 次の反応(反応式ⅰ，ⅱ)に関するあとの問いに答えよ。

$MnO_4^- + 8H^+ + 5e^- \longrightarrow Mn^{2+} + 4H_2O$　…ⅰ

$H_2O_2 \longrightarrow O_2 + 2H^+ + 2e^-$　…ⅱ

(1) 硫酸酸性の過マンガン酸カリウム水溶液に過酸化水素水を加えたときの反応をイオン反応式で表せ。(ⅰ，ⅱは硫酸酸性での反応)

(2) 硫酸酸性での0.40 mol/L 過マンガン酸カリウム水溶液100 mL に過酸化水素水を加えて完全に反応させるには，何 mol の H_2O_2 が必要か。

着眼 (1) 電子 e^- が互いに消去できるように2つの式を合計する。
(2) (1)のイオン反応式の MnO_4^- と H_2O_2 の係数比を基準にする。

解き方 (1) MnO_4^- が5個の電子 e^- を受け取り，H_2O_2 が2個の電子 e^- を放出することから，　ⅰ式×2＋ⅱ式×5　とする。

(2) (1)のイオン反応式の MnO_4^- と H_2O_2 の係数より，2 mol の MnO_4^- と5 mol の H_2O_2 が反応するから，求める H_2O_2 を x〔mol〕とすると，

$$0.40 \times \frac{100}{1000} : x = 2 : 5 \qquad \therefore \quad x = 0.10\,\text{mol}$$

答 (1) $2MnO_4^- + 5H_2O_2 + 6H^+ \longrightarrow 2Mn^{2+} + 5O_2 + 8H_2O$　(2) 0.10 mol

177 酸化還元反応と量的関係

次のⅰ，ⅱの反応に関するあとの問いに答えよ。

$Cr_2O_7^{2-} + 14H^+ + 6e^- \longrightarrow 2Cr^{3+} + 7H_2O$（硫酸酸性）　…ⅰ

$2I^- \longrightarrow I_2 + 2e^-$　…ⅱ

□ (1) 硫酸酸性の二クロム酸カリウム水溶液にヨウ化カリウム水溶液を加えたときの反応をイオン反応式で表せ。

□ (2) 0.20 mol の二クロム酸カリウムと反応するヨウ化カリウムの物質量は何 mol か。また，このとき生成したヨウ素 I_2 の物質量は何 mol か。

応用問題

解答 → 別冊 *p.35*

178 次の①～⑤の化学反応式について，下の(1)，(2)の問いに答えよ。

① $Zn + H_2SO_4 \longrightarrow ZnSO_4 + H_2$

② $2NO + O_2 \longrightarrow 2NO_2$

③ $NH_4Cl + NaOH \longrightarrow NaCl + H_2O + NH_3$

④ $Cl_2 + Na_2SO_3 + H_2O \longrightarrow 2HCl + Na_2SO_4$

⑤ $SO_2 + 2NaOH \longrightarrow Na_2SO_3 + H_2O$

できたらチェック。

□ (1) 酸化還元反応でないものはどれか。すべて選べ。

□ (2) 酸化還元反応の各反応について，酸化剤として作用している物質を化学式で示せ。

179 次の①～③の化学反応式について，あとの(1)～(3)の問いに答えよ。

① $SO_2 + 2H_2S \longrightarrow 2H_2O + 3S$

② $H_2O_2 + SO_2 \longrightarrow H_2SO_4$

③ $5H_2O_2 + 2KMnO_4 + 3H_2SO_4 \longrightarrow K_2SO_4 + 2MnSO_4 + 5O_2 + 8H_2O$

□ (1) SO_2 について次の **a**，**b** の反応式を選び，S の酸化数の変化をそれぞれ書け。

a　還元剤として作用　　　**b**　酸化剤として作用

□ (2) H_2O_2 について，次の **a**，**b** の反応式を選び，それぞれの O の酸化数の変化を書け。

a　酸化剤として作用　　　**b**　還元剤として作用

□ (3) SO_2，H_2O_2，H_2S，$KMnO_4$ について，酸化剤としての強さの順を示せ。

ガイド　酸化剤としての強さは，酸化剤として作用している物質＞還元剤として作用している物質。

180 差がつく **硫酸酸性の過マンガン酸カリウム水溶液，硫酸鉄(Ⅱ)水溶液のそれぞれに過酸化水素水を加えたときの反応は，次のA式，B式で表される。**

$2MnO_4^- + 5H_2O_2 + 6H^+ \longrightarrow 2Mn^{2+} + 8H_2O + 5O_2$　…A

$2Fe^{2+} + H_2O_2 + 2H^+ \longrightarrow 2Fe^{3+} + 2H_2O$　…B

□ (1)　次の①～③の分子中の酸素原子の酸化数を求めよ。

①　水　　②　酸素　　③　過酸化水素

□ (2)　次の①，②は，酸化剤，還元剤のいずれのはたらきをしているか。

①　A式の反応の過酸化水素　　②　B式の反応の過酸化水素

□ (3)　酸性溶液中での過酸化水素の酸化剤としてのはたらきを，電子e^-を用いた反応式で表せ。

□ (4)　A式で省略されているイオンを補い，化学反応式を完成させよ。

181 **次の酸化剤・還元剤のはたらき(硫酸酸性水溶液中)を示す電子e^-を用いたイオン反応式に関するあとの(1)～(3)の問いに答えよ。**

$KMnO_4$　；$MnO_4^- + 8H^+ +$ (ア) $e^- \longrightarrow Mn^{2+} + 4H_2O$　… i

$K_2Cr_2O_7$　；$Cr_2O_7^{2-} + 14H^+ +$ (イ) $e^- \longrightarrow 2Cr^{3+} + 7H_2O$　… ii

SO_2　；$SO_2 + 2H_2O \longrightarrow 4H^+ + SO_4^{2-} +$ (ウ) e^-　… iii

KI　；$2I^- \longrightarrow I_2 +$ (エ) e^-　… iv

□ (1)　上記のイオン反応式の電子の係数(ア)～(エ)に適する数値を記入せよ。

□ (2)　次の酸化剤と還元剤を硫酸酸性水溶液中で反応させたときのイオン反応式をそれぞれ書け。

①　$KMnO_4$ と KI　　②　$KMnO_4$ と SO_2　　③　$K_2Cr_2O_7$ と SO_2

□ (3)　硫酸酸性水溶液中の $K_2Cr_2O_7$ 1 mol と反応する KI は何 mol か。

182 **ある濃度のシュウ酸水溶液20.0 mLに0.400 mol/Lの過マンガン酸カリウム水溶液(硫酸酸性)を15.0 mL加えるとちょうど反応した。過マンガン酸イオン，シュウ酸の酸化剤・還元剤としての反応は次のようである。下の問いに答えよ。**

$MnO_4^- + 8H^+ + 5e^- \longrightarrow Mn^{2+} + 4H_2O$

$(COOH)_2 \longrightarrow 2CO_2 + 2H^+ + 2e^-$

□ (1)　このときの反応をイオン反応式で表せ。

□ (2)　このシュウ酸水溶液のモル濃度は何 mol/L か。

□ (3)　このとき発生した二酸化炭素の体積は 0 ℃，1.013×10^5 Pa で何 mL か。

ガイド　(1)電子を消去するように合計。　(2)(3)　(1)のイオン反応式の係数比による。

17 金属の反応性

テストに出る重要ポイント

- **金属のイオン化傾向とイオン化列**
  ① **金属のイオン化傾向**…水溶液中での金属の**陽イオンへのなりやすさ**。
  ▶イオン化傾向が { 大きい ➡ 陽イオンになりやすい。 / 小さい ➡ 陽イオンになりにくい。 }
  ② **金属のイオン化列**…金属をイオン化傾向の大きい順に並べたもの。
- **金属の反応性**…イオン化傾向の大きい金属ほど反応性が大きい。
  ➡ **陽イオンになりやすく**（←酸化されやすい），**還元性が強い**。

<table>
<tr><td>金属のイオン化列</td><td>Li</td><td>K</td><td>Ca</td><td>Na</td><td>Mg</td><td>Al</td><td>Zn</td><td>Fe</td><td>Ni</td><td>Sn</td><td>Pb</td><td>(H_2)</td><td>Cu</td><td>Hg</td><td>Ag</td><td>Pt</td><td>Au</td></tr>
<tr><td>水との反応性</td><td colspan="4">常温で反応</td><td>熱水と反応</td><td colspan="3">高温の水蒸気と反応</td><td colspan="9">水蒸気とも反応しない</td></tr>
<tr><td>酸との反応性</td><td colspan="11">うすい酸と反応して，水素を発生</td><td colspan="4">硝酸，熱濃硫酸に溶ける</td><td colspan="2">王水に溶ける</td></tr>
<tr><td rowspan="2">空気中での酸化</td><td colspan="4">常温ですぐ酸化</td><td colspan="9">常温で酸化被膜をつくる</td><td colspan="4">常温で酸化されない</td></tr>
<tr><td colspan="6">加熱により酸化</td><td colspan="9">強熱により酸化</td><td colspan="2">酸化されない</td></tr>
</table>

▶Pb は塩酸・硫酸と反応しにくい。➡ 水に難溶の $PbCl_2$，$PbSO_4$ が生成。
▶Al，Fe，Ni は濃硝酸と反応しない。➡ 表面に酸化被膜を生成（**不動態**）
▶Al，Zn，Sn，Pb は**両性金属**で，酸とも強塩基溶液とも反応する。

基本問題

できたらチェック。

解答 ➡ 別冊 p.36

□ **183** 金属のイオン化傾向

金属 A，B，C に関する次の実験から，これらのイオン化傾向の大小を答えよ。

B の硝酸塩の水溶液と C の硝酸塩の水溶液に，それぞれ A の金属板を入れてしばらく放置したところ，B の硝酸塩の水溶液では A の金属板の表面に B の単体が析出したが，C の硝酸塩の水溶液の A の金属板には変化がなかった。

□ **184** 金属イオンと単体の反応

次の①～④のうち，誤っているのはどれか。

① 硝酸銀水溶液に鉛板を入れると，鉛板の表面に銀が析出する。
② 硫酸銅(Ⅱ)水溶液に鉄板を入れると，鉄板の表面に銅が析出する。
③ 塩化亜鉛水溶液に銀板を入れると，銀板の表面に亜鉛が析出する。
④ 希塩酸に鉄板を入れると，鉄板の表面から水素が発生する。

185 金属のイオン化傾向と性質

次の金属のうち，あとの(1)～(4)にあてはまるものをすべて選べ。

Ag，Pt，Ca，Zn，Au，Na，Cu，Fe

□ (1)　常温の水と反応する。

□ (2)　常温の水と反応しないが，希塩酸と反応する。

□ (3)　希塩酸と反応しないが，硝酸と反応する。

□ (4)　王水のみと反応する。

ガイド　イオン化傾向の大小；水と反応＞塩酸と反応＞硝酸と反応＞王水のみと反応　の順。

できたらチェック。 応用問題

解答 → 別冊 p.37

□ **186**　**5種類の金属A～Eがある。次の①～④の実験結果より，金属A～Eのイオン化傾向の大きい順に並べよ。**

①　常温の水に各金属単体を入れたところ，Bだけ激しく反応した。

②　Bを除く金属単体を，希硫酸に入れたところ，AとDが水素を発生して溶けた。

③　Eは希硫酸と反応しないが，硝酸とは気体を発生して溶けた。Cは希硫酸とも硝酸とも反応しなかった。

④　Dの硫酸塩の水溶液にAの板を入れたら，Aの表面にDが析出した。

ガイド　Xのイオンを含む水溶液に，Yの単体を入れてXが析出したとき，イオン化傾向はY＞X。

187　差がつく　**次の文を読んで，(1)，(2)の問いに答えよ。**

金属は一般に陽イオンになる性質をもち，(　　)剤として作用する。また，金属は(a)常温の水と反応するもの，(b)希塩酸と反応するもの，(c)硝酸と反応するものなどさまざまである。

□ (1)　(　　)に適する語句を入れよ。

□ (2)　下の金属について，①～③の問いに答えよ。

①　下線部(a)に適する金属を下から選び，水との反応の化学反応式を書け。

②　下線部(b)に適する金属を下から選び，塩酸との反応の化学反応式を書け。ただし，①の金属は除く。

③　下線部(c)に適する金属を下から選べ。ただし，①と②の金属は除く。

Cu，Pt，Na，Fe，Ag，Ca，Zn

18 電池

★テストに出る重要ポイント

- **電池の原理としくみ**
  ① **電池の原理**…酸化還元反応によって化学エネルギーを電気エネルギーに変換して取り出す装置が**電池**である。
  ② **しくみ**…2種類の金属を電解質水溶液に入れる。イオン化傾向の，
  大きいほうの金属 ➡ 負極；溶液中に**陽イオンとなって溶ける**。
  小さいほうの金属 ➡ 正極；溶液中の**陽イオンが還元される**。

- **ダニエル電池**…(−)Zn | $ZnSO_4aq$ | $CuSO_4aq$ | Cu(+)（負極：Zn，電解液：$ZnSO_4aq$・$CuSO_4aq$，正極：Cu）
  ▶構造を表すこの式を電池式という。
  ① **負極**…$Zn \longrightarrow Zn^{2+} + 2e^-$
  ② **正極**…$Cu^{2+} + 2e^- \longrightarrow Cu$
  ③ **全体**…$Zn + Cu^{2+} \longrightarrow Zn^{2+} + Cu$

〔ダニエル電池〕

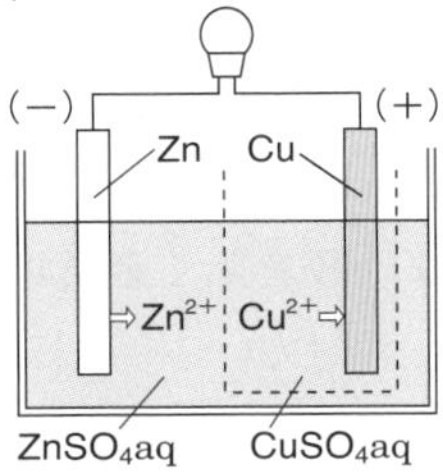

- **ボルタ電池**…(−)Zn | H_2SO_4aq | Cu(+)
  ① **負極**…$Zn \longrightarrow Zn^{2+} + 2e^-$
  ② **正極**…$2H^+ + 2e^- \longrightarrow H_2$
  ③ **全体**…$Zn + 2H^+ \longrightarrow Zn^{2+} + H_2$
  ▶ボルタが1800年に発明した，現在の電池の原型。放電後すぐに H_2 がCu板を覆ってしまい起電力が低下するため，実用的でない。

- **鉛蓄電池** 発展 …(−)Pb | H_2SO_4aq | PbO_2(+)
  ① **全体**…
  $$\underset{(-)}{Pb} + 2H_2SO_4 + \underset{(+)}{PbO_2} \underset{充電}{\overset{放電}{\rightleftarrows}} \underset{(-)}{PbSO_4} + 2H_2O + \underset{(+)}{PbSO_4}$$
  ② **放電(充電)**…両極の質量が増加(減少)，電解液の密度が減少(増加)。

- **マンガン乾電池** 発展 …(−)Zn | $ZnCl_2aq$，NH_4Claq | MnO_2・C(+)
  ① **負極**…$Zn \longrightarrow Zn^{2+} + 2e^-$ ➡ $Zn^{2+} \longrightarrow [Zn(NH_3)_4]^{2+}$ などに変化。
  ② **正極**…$2H^+ + 2e^- + 2MnO_2 \longrightarrow 2MnO(OH)$ などに変化。

- **燃料電池** 発展

	(リン酸形燃料電池)	(アルカリ形燃料電池)
	(−)H_2 | H_3PO_4aq | O_2(+)	(−)H_2 | $KOHaq$ | O_2(+)
① **負極**…	$H_2 \longrightarrow 2H^+ + 2e^-$	$H_2 + 2OH^- \longrightarrow 2H_2O + 2e^-$
② **正極**…	$O_2 + 4H^+ + 4e^- \longrightarrow 2H_2O$	$O_2 + 2H_2O + 4e^- \longrightarrow 4OH^-$
③ **全体**…	$2H_2 + O_2 \longrightarrow 2H_2O$	$2H_2 + O_2 \longrightarrow 2H_2O$

基本問題
解答 → 別冊 p.37

188 電池の原理・しくみ

次のア～オの各組の2種類の金属を電解質水溶液中に対立させて入れた装置について，あとの(1)，(2)にあてはまる組のすべてを，ア～オで答えよ。

	ア	イ	ウ	エ	オ
A	Fe	Zn	Al	Cu	Cu
B	Zn	Ag	Pt	Sn	Ag

できたらチェック。

□ (1)　2種類の金属 A，B を液外で導線でつないだとき，電流が A から B に流れる。

□ (2)　2種類の金属 A，B 間の電圧が最も大きい。

ガイド　金属間のイオン化傾向の大小に着目する。

189 ダニエル電池

右図はダニエル電池の概略図である。

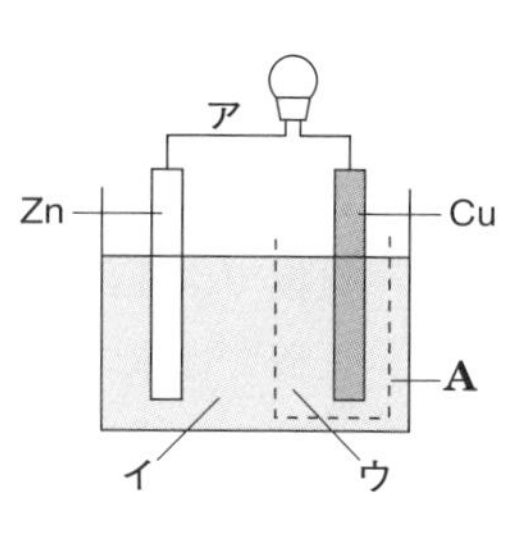

□ (1)　正極は Zn，Cu のどちらか。

□ (2)　図中のアでは，電子はどの方向に流れるか。「→」「←」で示せ。

□ (3)　図中のイ，ウの溶液の溶質を化学式で示せ。

□ (4)　次のア～ウのうち，図中の A に用いる容器筒として不適当なものはどれか。

ア　素焼き製　　　イ　ガラス製　　　ウ　セロハン製

□ (5)　正極・負極の各反応を1つにした反応をイオン反応式で表せ。

ガイド　電子と電流の流れる方向は逆である。

□ 190 鉛蓄電池 発展

鉛蓄電池についての次の記述ア～オのうち，誤っているものをすべて選べ。

ア　希硫酸中に鉛板を対立させて入れた構造である。

イ　放電によって，両極とも硫酸鉛(Ⅱ)が析出する。

ウ　放電によって，希硫酸の濃度は変化しない。

エ　充電は，鉛蓄電池の正極に電源の正極，負極に電源の負極をつなぐ。

オ　充電によって，極も電解液ももとに戻る。

ガイド　$\underset{(-)}{Pb} + 2H_2SO_4 + \underset{(+)}{PbO_2} \rightleftarrows \underset{(-)}{PbSO_4} + 2H_2O + \underset{(+)}{PbSO_4}$ の反応式に着目する。

応用問題

解答 → 別冊 *p.38*

できたらチェック。

191 〈差がつく〉 次の(1)～(3)の各問いにそれぞれのア～エで答えよ。

□ (1)　ダニエル電池の起電力は，溶液の濃度によって変化する。次のア～エのうち最も大きな起電力が得られるのはどれか。

ア　Zn^{2+}，Cu^{2+} の濃度を両方とも大きくする。

イ　Zn^{2+}，Cu^{2+} の濃度を両方とも小さくする。

ウ　Zn^{2+} の濃度を大きくし，Cu^{2+} の濃度を小さくする。

エ　Zn^{2+} の濃度を小さくし，Cu^{2+} の濃度を大きくする。

□ (2) 発展 鉛蓄電池を充電するとき，次のうち正しいものはどれか。

ア　溶液の密度は変わらない。

イ　硫酸が減少するから，溶液の密度は小さくなる。

ウ　硫酸が増加するから，溶液の密度は大きくなる。

エ　鉛イオンが増加するから，溶液の密度は大きくなる。

□ (3)　ボルタ電池について，次のア～エのうち，誤りを含むものはどれか答えよ。

ア　電解液にはよく希硫酸が用いられる。

イ　負極では亜鉛板が溶け出す。

ウ　正極では水素が発生する。

エ　一度放電すると，長時間電圧が安定する。

ガイド　(1)放電によって，Zn が Zn^{2+} となり，Cu^{2+} が Cu となることに着目する。
(2)充電時，溶液中では H_2O が減り，H_2SO_4 がふえる。

192 発展 次のア～オの電池のうち，あとの(1)～(8)にあてはまるものをすべて選べ。

ア　ダニエル電池　　イ　鉛蓄電池　　ウ　マンガン乾電池

エ　燃料電池　　オ　ボルタ電池

□ (1)　負極が亜鉛である。　□ (2)　両極の活物質が気体である。

□ (3)　電解液が希硫酸である。

□ (4)　放電によって，両極とも重くなる。

□ (5)　放電によって，生じる亜鉛イオンが，錯イオンなどに変化する。

□ (6)　放電によって，H_2O のみが生じる。

□ (7)　放電によって，正極に銅が析出する。

□ (8)　放電すると，すぐ両極間の電圧が大きく低下する。

ガイド　(2)電極で実際に酸化還元反応をする物質を活物質という。

19 金属の製錬と電気分解

テストに出る重要ポイント

- **製錬**…鉱石中の金属化合物を還元して金属単体を取り出すこと。
  ① **鉄の製錬**…赤鉄鉱(Fe_2O_3)や磁鉄鉱(Fe_3O_4)などの鉄鉱石を溶鉱炉で還元し，単体の鉄を得る。
  ➡ {鉄鉱石＋コークス＋石灰石} —溶鉱炉→ **銑鉄** —転炉→ **鋼**
  ② **銅の製錬**…黄銅鉱($CuFeS_2$)などの銅鉱石を溶鉱炉で還元して粗銅を得る。粗銅を**電解精錬**によって純銅とする。
  ➡ {銅鉱石＋ケイ砂＋石灰石} ⟶ 硫化銅(I) ⟶ **粗銅** ⟶ **純銅**
  ③ **アルミニウムの製錬**…鉱石のボーキサイトを精製しアルミナ Al_2O_3 を得る。アルミナを**溶融塩電解**し，アルミニウムを得る。

- **電気分解** 発展 …電解質水溶液などに直流電流を通じて，酸化還元反応を起こさせること。
  ① **陽極**…**最も酸化されやすい陰イオンや分子が電子を失う。**
  ② **陰極**…**最も還元されやすい陽イオンや分子が電子を受け取る。**

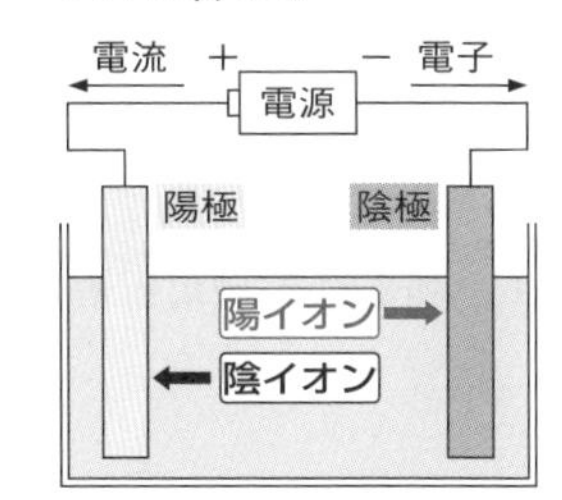

- **電気分解による電極での反応** 発展

電極		水溶液中のイオン	反応例(__はおもな生成物)	
陽極	Cu，Ag	(イオンに関わらず)	$Cu \longrightarrow Cu^{2+} + 2e^-$ ⬅電極が溶解	酸化されやすい
	Pt，C	Cl^-，I^- ⬅ハロゲン化物イオン	$2Cl^- \longrightarrow \underline{Cl_2} + 2e^-$ ⬅ハロゲン単体	
		OH^- ⬅水溶液が塩基性	$4OH^- \longrightarrow 2H_2O + \underline{O_2} + 4e^-$	
		SO_4^{2-}，NO_3^- ⬅その他	$2H_2O \longrightarrow \underline{O_2} + 4H^+ + 4e^-$	
陰極		Cu^{2+}，Ag^+ ⬅イオン化傾向 小	$Ag^+ + e^- \longrightarrow \underline{Ag}$ ⬅金属の単体	還元されやすい
		H^+ ⬅水溶液が酸性	$2H^+ + 2e^- \longrightarrow \underline{H_2}$	
		K^+，Na^+ ⬅イオン化傾向 大	$2H_2O + 2e^- \longrightarrow \underline{H_2} + 2OH^-$	

- **電気分解の量的関係** 発展 …電気分解で変化する物質の**物質量は**，通じた**電気量に比例する(ファラデーの法則)**。
  ① **通じた電気量の計算 ➡ 電気量〔C〕＝電流〔A〕×時間〔s〕**（C：クーロン，A：アンペア，s：秒）
  ② **ファラデー定数 F〔C/mol〕**…電子1mol がもつ電気量の絶対値。
  $F = 9.65 \times 10^4$ C/mol

できたらチェック。

基本問題

解答 ➡ 別冊 p.38

□ **193** 鉄の製錬

次の文中の(　)に適する語句を記入せよ。

鉄鉱石には，Fe_2O_3 を主成分とする(ア)や，Fe_3O_4 を主成分とする(イ)などがある。これらの鉄鉱石を，コークス，石灰石とともに溶鉱炉で還元すると，不純物として炭素を約 4 %含む(ウ)が得られる。これを転炉に流し込み，酸素を吹き込んで炭素の含有量を 2～0.02%まで減らした鉄を(エ)という。

□ **194** 銅の製錬 テスト必出

次の記述ア～エのうち，正しいものをすべて選べ。

ア　製錬は金属の純度を高める操作である。

イ　黄銅鉱は成分元素として硫黄を含む。

ウ　黄銅鉱の製錬によって得られる，純度約99%の銅を粗銅という。

エ　粗銅の溶融塩電解により，純銅が得られる。

例題研究》 **発展** **10. 硫酸銅(Ⅱ)水溶液を白金電極を用いて5.00 A で16分5秒間電気分解した。次の(1)～(3)の問いに答えよ。**(原子量 Cu＝63.5，ファラデー定数＝9.65×10^4 C/mol)

(1)　流れた電気量は何 C か。　　(2)　陰極に析出した銅の質量は何 g か。

(3)　陽極に発生した酸素は 0 ℃，1.013×10^5 Pa で何 L か。

着眼　(1)　電気量〔C〕＝電流〔A〕×時間〔s〕

(2)(3)　$電子の物質量〔mol〕＝\dfrac{電気量〔C〕}{ファラデー定数〔C/mol〕}$

解き方　(1)　流れた電気量は，$5.00\,A\times(60\times16+5)\,s=4825\,C\fallingdotseq4.83\times10^3\,C$

(2)　電極は Pt なので電極の溶解は起こらない。陰極には Cu^{2+}，陽極には SO_4^{2-} が引きつけられるので，陰極では Cu^{2+} が還元されて銅の単体が生じ，陽極では水が酸化されて酸素が発生する。

陰極；$Cu^{2+}+2e^-\longrightarrow Cu$　…ⅰ

陽極；$2H_2O\longrightarrow O_2+4H^++4e^-$　…ⅱ

流れた電子の物質量は，$\dfrac{4825\,C}{9.65\times10^4\,C/mol}=0.0500\,mol$

ⅰ式の係数比より，電子 2 mol が流れると銅 1 mol が生じるので，

$$63.5\,\text{g/mol} \times 0.0500\,\text{mol} \times \frac{1}{2} \fallingdotseq 1.59\,\text{g}$$

(3)　ii 式の係数比より，電子 4 mol が流れると酸素 1 mol が発生するので，

$$22.4\,\text{L/mol} \times 0.0500\,\text{mol} \times \frac{1}{4} = 0.280\,\text{L}$$

答　(1) 4.83×10^3 C　　(2) 1.59 g　　(3) 0.280 L

195　電気分解の量的関係　発展

硝酸銀水溶液を白金電極を用いて電気分解すると，陰極に銀が10.8 g 析出した。次の(1)，(2)の問いに答えよ。（原子量；Ag＝108）

□ (1)　流れた電子は何 mol か。

□ (2)　陽極で生じた気体の名称と，0 ℃，1.013×10^5 Pa での体積〔L〕を答えよ。

応用問題

解答 ➡ 別冊 p.39

196　差がつく　次の文を読み，あとの問いに答えよ。

溶鉱炉に鉄鉱石，コークス C，石灰石 $CaCO_3$ を入れ，下から熱風を吹き込むと，コークスの燃焼で生じた［ ア ］によって次の反応式のように酸化鉄が還元され，単体の鉄が得られる。

Fe_2O_3 ＋（ **a** ）［ ア ］ ⟶ 2Fe ＋（ **b** ）［ イ ］

できたらチェック。

上の反応において，反応物中の鉄の酸化数は（ **c** ），炭素の酸化数は（ **d** ）であり，生成物中の鉄の酸化数は（ **e** ），炭素の酸化数は（ **f** ）となっている。

□ (1)　文中のア，イに適する化学式を入れよ。

□ (2)　文中の **a** ～ **f** に適する数値を入れよ。

□ **197**　次の記述ア～エのうち，誤りを含むものを選べ。

ア　アルミニウムの単体を水溶液の電気分解によって得られないのは，より還元されやすい水が反応し，水素を発生するからである。

イ　アルミニウムの鉱石であるボーキサイトは，アルミナともよばれる。

ウ　氷晶石は，アルミニウムの溶融塩電解における融剤として使用される。

エ　同じ量のアルミニウムを得るために必要なエネルギーは，鉱石から製錬するときよりも，リサイクルするときのほうが小さい。

20 化学と身のまわりの物質

テストに出る重要ポイント

金属

石器時代から，金属器時代である青銅器時代・鉄器時代へと進んだ。

① **金・銀**…人類が最初に利用した金属。天然に金属として存在。

② **銅・鉄**…化合物から金属を取り出す技術が**製錬**で，**銅の製錬**は紀元前3000年以前から行われ，その後**鉄の製錬**が行われるようになった。
➡ 現在，われわれが利用している金属の約90％が鉄である。

③ **アルミニウム**…アルミニウムは酸素との結びつきが強く，製錬は溶融した化合物 Al_2O_3 の電気分解による。➡ 大量生産されるようになったのは19世紀末ごろから。
（←単体を取り出しにくい）

金属のリサイクル

リサイクルは，原料鉱石や，製錬に必要な電気エネルギーを生成するための化石燃料など，**限られた資源の有効利用**にとって重要である。

① **都市鉱山**…廃棄された工業製品中のレアメタルを資源とみなしたもの。地球上で存在量が少ない金属を**レアメタル**(希少金属)という。

② **アルミニウムのリサイクル**…アルミニウムの製造に必要な電力量は，リサイクルの場合，鉱石から製錬するときの約３％で済む。

プラスチック…20世紀にはじめて合成された高分子化合物。ポリエチレン・ポリスチレン・ポリエチレンテレフタラート・ナイロンなど。

➡ **原料は石油**。

① **プラスチックと地球環境**…プラスチックの特徴は，酸化されにくく安定であることだが，この特徴は「**蓄積される**」という，地球環境にとって大きな欠点へとつながる。
➡ 地球環境を守るために，プラスチックの使用量を減らしたり，リサイクルしたり，素材を自然界で分解されやすいものにしたり，適切な利用のための工夫が必要である。

② **マイクロプラスチック**…直径５mm 以下の小さなプラスチック。海の生物の体内に蓄積され，生態系に深刻な影響を与える。

③ **生分解性プラスチック**…微生物の作用で分解(酸化)されるプラスチック。自然界への影響を抑えられる。

基本問題

解答 ➡ 別冊 *p.39*

できたらチェック。

198 金属とその利用　テスト必出

次の(1)〜(3)にあてはまるものを，あとのア〜エから選べ。

□ (1)　天然に金属として存在している。

□ (2)　19世紀になって用いられるようになった。

□ (3)　現在，金属中で最も多く利用されている。

ア　銅　　イ　鉄　　ウ　金　　エ　アルミニウム

199 プラスチックと地球環境

プラスチックに関する次の(1)〜(4)の問いに答えよ。

□ (1)　直径 5 mm 以下の小さなプラスチックを何というか。

□ (2)　(1)のプラスチックが環境に与える影響を簡単に述べよ。

□ (3)　微生物の作用により，地中や水中で分解されるプラスチックを何というか。

□ (4)　プラスチックの使用による地球環境への影響を抑えるための工夫として，誤りを含むものを選べ。

ア　プラスチックの使用量を減らす。

イ　使用後のプラスチックはすべて可燃ごみとして回収し，焼却処分する。

ウ　従来のプラスチックを自然界で分解されやすいプラスチックにかえる。

応用問題

解答 ➡ 別冊 *p.39*

200 **金属のリサイクルに関する次の(1)，(2)の問いに答えよ。**

□ (1)　廃製品中のレアメタルなどの金属を資源とみなしたものを何というか。

□ (2)　一定量のアルミニウムをリサイクルによって得るときに必要な電力量は，鉱石の製錬によって得るときに必要な電力量のおよそ何倍か。ア〜エから選べ。

ア　0.03倍　　イ　0.3倍　　ウ　3倍　　エ　300倍

□ **201** **次のプラスチックの性質ア〜オのうち，地球環境に悪影響を及ぼす最大の性質を 1 つ選べ。**

ア　加熱するとやわらかくなる。　　イ　水に溶けにくい。

ウ　酸化されにくい。　　エ　やや燃えにくい。

オ　エーテルなどに溶けにくい。

21 化学とその利用

テストに出る重要ポイント

▶ 浄水場

河川水から水道水を得る過程で，さまざまな科学技術が利用されている。

① **ろ過の利用**…沈殿として取り除けない小さな異物を，砂利や砂の層を通してろ過する方法によって取り除いている。

② **中和反応の利用**…強い酸性の河川水に石灰石 $CaCO_3$ を加えて中和したり，pH を調整するために水酸化ナトリウム NaOH や硫酸 H_2SO_4 を加えたりしている。

③ **酸化還元反応の利用**…強い酸化剤であるオゾンによって水中の有機物などを分解している。また，酸化剤である次亜塩素酸ナトリウムを加えて殺菌・消毒している。

▶ 食品の保存

① **食品添加物**…安息香酸などの，食品中の微生物の繁殖を抑えて食品の腐敗を防ぐ**保存料**や，ビタミン C(アスコルビン酸)などの，食品の酸化を防ぐ**酸化防止剤**がある。

② **乾燥剤・脱酸素剤**…シリカゲル，塩化カルシウム $CaCl_2$，生石灰 CaO などの**乾燥剤**や，鉄粉などの，食品の酸化を防ぐ**脱酸素剤**がある。

③ **食品の包装**…菓子袋などの包装には**プラスチックとアルミニウム**の薄膜を組み合わせたフィルムが使用されており，酸素・水蒸気・光を遮断して，食品を酸化や湿気，乾燥などから守っている。

▶ 洗 剤

① **セッケン**…油脂と NaOH 水溶液からつくるナトリウム塩。
〔**性質**〕水溶液は塩基性 ➡ 絹・羊毛に不適。硬水では沈殿。
（硬水中の Ca^{2+} や Mg^{2+} と反応して沈殿ができる。）

② **合成洗剤**…石油が原料で，NaOH によるナトリウム塩。
〔**性質**〕水溶液は中性 ➡ 絹・羊毛に適する。硬水でも沈殿しない。

③ **界面活性剤**…セッケンや合成洗剤のように，**親油性の部分**(炭化水素基)**と親水性の部分をもつ物質**。➡ **洗浄作用**を示す。
（乳化作用など。）

④ **合成洗剤の環境への影響**…合成洗剤は微生物により分解されにくい。**洗浄補助剤**に含まれるリン酸塩などによるプランクトンの異常発生。
➡ 多量に使用すると**水質汚染**につながる。

基本問題

解答 ➡ 別冊 p.40

できたらチェック。

□ **202** 浄水場の科学技術

次のア～エのうち，浄水場で利用されている科学技術ではないものはどれか。

ア　加熱による蒸留　　イ　次亜塩素酸ナトリウムによる殺菌

ウ　砂と砂利の層を通すろ過　　エ　水酸化ナトリウムによる pH 調整

203 食品の保存

食品の保存について，次の(1)～(4)にあてはまるものを，あとのア～エから選び，記号で答えよ。

□ (1)　シリカゲルを用いる。　□ (2)　鉄粉を用いる。

□ (3)　ビタミンＣを用いる。　□ (4)　カビや細菌の繁殖を防ぐ。

ア　脱酸素剤　　イ　保存料　　ウ　乾燥剤　　エ　酸化防止剤

応用問題

解答 ➡ 別冊 p.40

できたらチェック。

□ **204** 次の文中の(　)に適する物質名や語句を記入せよ。

食品の酸化防止には，食品添加物として緑茶などに添加されている(　ア　)や，脱酸素剤として焼き菓子などの包装に封入されている金属の(　イ　)などが利用されている。これらは(　ウ　)剤であり，食品のかわりに自身が(　エ　)されることで，食品の酸化を防いでいる。

また，食品の包装にも食品の保存性を高めるための工夫があり，ポテトチップスなどの包装には，プラスチックに金属の(　オ　)の薄膜を付着させたフィルムを用いることで，酸素や水蒸気，光などの透過をより強固に防いでいる。

205 差がつく　次の記述ア～カについて，あとの(1)～(3)にあてはまるものを，すべて選べ。

ア　石油からつくる。　　イ　原料として NaOH 水溶液が必要。

ウ　界面活性剤である。　　エ　水溶液は塩基性を示す。

オ　硬水で沈殿する。　　カ　絹・羊毛の洗濯に適している。

□ (1)　セッケンのみに関するもの。

□ (2)　合成洗剤のみに関するもの。

□ (3)　セッケン・合成洗剤の両方に関するもの。

□ 執筆協力　㈱一校舎　目良誠二
□ 編集協力　㈱一校舎　㈱エディット　㈱オルタナプロ
□ 図版作成　㈱一校舎　甲斐美奈子　小倉デザイン事務所

シグマベスト
シグマ基本問題集
化学基礎

編　者　文英堂編集部
発行者　益井英郎
印刷所　NISSHA株式会社
発行所　株式会社文英堂
〒601-8121　京都市南区上鳥羽大物町28
〒162-0832　東京都新宿区岩戸町17
(代表)03-3269-4231

●落丁・乱丁はおとりかえします。

ΣBEST シグマベスト

シグマ基本問題集

化学基礎

正解答集

◎『検討』で問題の解き方が完璧にわかる

◎『テスト対策』で定期テスト対策も万全

文英堂

1　物質の成分と元素

基本問題 本冊 *p.5*

1

答　**混合物**；イ，ウ，キ，ク，コ
純物質；ア，エ，オ，カ，ケ

検討　〔混合物〕イ；空気は窒素や酸素などの混合気体である。
ウ；水にさまざまなイオンなどが溶けている。
キ；粘土はケイ酸塩(SiO_2 を含む塩)鉱物の集合体である。
ク；石油は，さまざまな炭化水素の混合物。
コ；水に牛乳の成分である糖類や油脂が混じっている。
〔純物質〕窒素 N_2，エタノール C_2H_5OH，鉄 Fe，ダイヤモンド C，ドライアイス CO_2 は，いずれも1つの化学式で表すことができる純物質である。

2

答　(1) ウ　(2) ア　(3) カ　(4) エ
(5) イ

検討　(1)石油(原油)はさまざまな炭化水素の混合物であり，沸点の差を利用して分離する。
(2)沈殿を分離するのはろ過である。
(3)ヨウ素の結晶は，加熱すると直接気体となる(昇華する)。
(4)高温の飽和水溶液を冷却すると，硝酸カリウムの結晶が析出し，食塩は析出せずに溶液中に残る。
(5)本冊 *p.4* の図参照。

3

答　(1) ①温度計の球部は溶液中に入れない。
②リービッヒ冷却器への水の送る方向が逆。
③アダプターの先にゴム栓をつけない。
(2) 沸騰石　(3) ①**食塩水**；黄色，
蒸留水；無色　②**食塩水**；白色沈殿が生成，
蒸留水；変化なし

検討　(1)蒸留における温度は，蒸気の温度を測る。冷却水を上から下へ流すと外管の低部側を通り，冷却器内に水がたまらず，十分に冷却されない。三角フラスコの口は密栓しない。
(3) Na^+ の炎色反応は黄色。
$Ag^+ + Cl^- \longrightarrow AgCl\downarrow$ (白色沈殿)

テスト対策
●**蒸留装置**；a)**温度** ⇨ 蒸気の温度を測る。
　b)**冷却器の水** ⇨ 下から上へ流す。
●**元素の検出**；a) Na^+ ⇨ 炎色反応が**黄色**。
　b) Cl^- ⇨ 硝酸銀水溶液によって**白色沈殿** AgCl。

4

答　(1) 炭素　(2) 塩素　(3) ナトリウム

検討　(1)石灰水に通じて白色沈殿が生じるのは二酸化炭素 CO_2 であり，化合物 **A** の成分元素として炭素 C が含まれている。
(2) $Ag^+ + Cl^- \longrightarrow AgCl\downarrow$ の沈殿反応が起こる。白色沈殿は塩化銀で，化合物 **B** の成分元素として塩素 Cl が含まれている。
(3)黄色の炎色反応はナトリウム Na であり，化合物 **C** の成分元素としてナトリウム Na が含まれている。

5

答　**単体**；ア，ウ，オ，キ
化合物；イ，エ，カ，ク

検討　**1種類の元素からなる物質が単体**であり，**2種類以上の元素からなる物質が化合物**である。化学式は次の通りである。
ア；Au　イ；CH_4　ウ；H_2
エ；H_2SO_4　オ；C　カ；H_2O
キ；O_3　ク；NH_3

6

答　(1) 単体　(2) 元素　(3) 元素
(4) 単体

検討　**元素はその物質の成分**であり，**単体は1種類の元素からなる物質**である。
(1)空気は，窒素や酸素の気体物質の混合物である。下線部は単体を示している。
(2)下線部は地殻の成分元素である酸素を示し

ている。
(3)下線部は水の成分元素である酸素を示している。
(4)水から得られる気体物質の酸素なので，下線部は単体を示している。

テスト対策

●**元素**は，その物質の**成分**
⇨ 物質ではない。
●**単体**は，1種類の元素からなる**物質**
⇨ 具体的な物質をさす。

7

答 ウ，オ

検討 **同素体は，同じ元素からなる単体で，互いに性質が異なる物質。**
ア；フッ素 F_2 と塩素 Cl_2 は17族の異なる元素からなる単体。
イ；同じ元素の組み合わせからなるが化合物なので，同素体ではない。
エ；カリウム K とナトリウム Na は1族の異なる元素からなる単体。

テスト対策

●**同素体の存在する元素**
⇨ **硫黄 S，炭素 C，酸素 O，リン P**
S　C　O　P
(スコップと覚える)

応用問題 ・・・・・・・・・・・・・・・・・・・ 本冊 *p.6*

8

答 ③

検討 純物質の凝固点は圧力一定のもとでは常に一定で，全部凝固するまで凝固点が変わらない。混合物では，凝固しはじめると，凝固点が変化する(低くなる)。

9

答 (1) イ　(2) カ　(3) ウ　(4) ア
(5) エ　(6) オ

検討 (1)液体空気から窒素や酸素を沸点の差で分離する。よって分留。
(2)ろ紙の下端に黒色インクをつけて溶媒に浸すことで，インク中のいくつかの色素を分離する。よってクロマトグラフィー。
(3)加熱して発生する水蒸気を冷却して液体にすることによって分離する。よって蒸留。
(4)固体の泥をろ過で分離する。
(5)油脂を溶かすエーテルによって分離する。よって抽出。
(6)再結晶した結晶は純物質であり，不純物は溶液中に存在している。

10

答 オ

検討 単体は1種類の元素からなる物質であり，ア～エは，いずれも物質を示している。
　元素は物質の成分であり，オのカルシウムは，歯や骨の成分を示している。

11

答 (1) ア，エ，コ　(2) ア
(3) オ，ケ，サ，シ　(4) オとサ
(5) イ，キ　(6) イ，ク

検討 (2)分留は沸点の差による分離で，空気は液体空気にして成分気体を分留する。なお，海水を分留することによって水は分離できるが，塩類は分離できない。
(4)ダイヤモンドと黒鉛は C からなる同素体である。
(5)成分元素として Na を含む化合物で，イの NaCl，キの NaOH。
(6)成分元素として Cl を含む化合物で，イの NaCl，クの $CaCl_2$。

2 物質の状態変化

基本問題 ・・・・・・・・・・・・・・・・・・・ 本冊 *p.9*

12

答 (1) 拡散　(2) イ　(3) ウ

検討 (2)高温になるほど粒子の熱運動は激しくなるため，粒子の熱運動により起こる拡散の速さも速くなる。

(3)混合した気体粒子の質量の大小にかかわらず，それぞれの気体粒子の熱運動により全体の濃度は均一になる。

13

答　(1) 気体　(2) 液体　(3) 固体
(4) 固体　(5) 気体

検討　(1)気体は分子が激しく熱運動しているため，分子間の距離が非常に大きい。
(2)液体では，分子は互いに接しているが，位置が入れ替わることができる。そのため，容器に合わせて形を変えることができる。
(3)固体は分子が決まった位置にある。粒子が規則正しく配列した固体を特に結晶という。
(4)固体の熱運動は穏やかで，分子は定位置で振動する程度である。固体を加熱し，分子の熱運動のエネルギーが大きくなるにつれて，状態が液体，気体へと変化していく。
(5)分子間の引力は，分子間の距離が小さいほど大きくなる。気体は分子が激しい熱運動により自由に飛び回っているため，分子間の距離が非常に大きく，固体や液体に比べて分子間の引力の影響が小さい。

14

答　**物理変化**；ア，ウ
化学変化；イ，エ，オ，カ

検討　**化学変化では化学式が変化するが，物理変化では化学式が変化しない。**
ア；固体から気体への状態変化なので，物理変化である。なお，氷も水蒸気も分子式は同じ H_2O である。
イ；$2H_2 + O_2 \longrightarrow 2H_2O$
　水素 H_2 が水 H_2O に変化しているので，化学変化。
ウ；水に砂糖を溶かしても，水分子と砂糖分子が混ざりあうだけで，それぞれの物質は変化していないので，物理変化。
エ；$NaCl + AgNO_3 \longrightarrow AgCl\downarrow + NaNO_3$
　硝酸銀 $AgNO_3$ が塩化銀 AgCl に変化しているので，化学変化。
オ；$Zn + 2AgNO_3 \longrightarrow Zn(NO_3)_2 + 2Ag$
　硝酸銀 $AgNO_3$ が銀 Ag に変化しているので，化学変化。
カ；金属がさびるとは，金属の表面が酸化され，酸化物や水酸化物が生じることである。鉄 Fe が酸化鉄(Ⅲ) Fe_2O_3 などに変化しているので，化学変化。

15

答　(1) **a**；昇華，**b**；凝華，**c**；蒸発，
d；凝縮，**e**；融解，**f**；凝固
(2) ア；**d**，イ；**a**

検討　(2)ア；空気中の水蒸気が冷たいコップで冷やされて凝縮し，水滴となった。
イ；昇華により氷が水蒸気となり，氷の表面から粒子が出ていくので，氷は小さくなる。

16

答　(1) T_1；融点，T_2；沸点
(2) **BC 間**；固体と液体が共存している状態。
　DE 間；液体と気体が共存している状態。
(3) 融解　(4) AB 間の状態　(5) 昇華

検討　(1)(2)(3)加熱により固体の温度が上がり(**AB** 間)，**B** で**融点** T_1に達すると**融解**が始まり，固体がすべて液体になるまでの間(**BC** 間)，温度は一定になる。したがって，**BC** 間では固体と液体が共存している。**CD** 間でさらに液体が加熱され，**D** で**沸点** T_2に達すると**沸騰**が始まり，液体がすべて気体になるまでの間(**DE** 間)，温度は一定になる。したがって，**DE** 間では液体と気体が共存している。
(4) **AB** 間は固体の状態であり，**EF** 間は気体の状態である。固体では粒子が互いに接しているが，気体では互いに離れた状態にあるから，密度は固体である **AB** 間のほうが大きい。
(5)固体から直接気体になる変化を**昇華**という。

応用問題 ……………………… 本冊 *p.10*

17

答　ウ

検討　ア；固体の状態より液体の状態のほうが

分子の熱運動は激しいため，分子からなる物質の多くは，液体の状態のほうが固体の状態より分子間の距離が大きい。

イ；結晶などの固体では，熱運動が穏やかで粒子間の引力の影響が強いため，粒子は位置を変えずに振動(熱運動)している。

ウ；液体では，粒子どうしは相互に位置を変えているが，粒子間の距離が小さいため，粒子間には引力がはたらいている。

エ；気体だけでなく，固体や液体でも，分子の熱運動は温度が高いほど激しくなる。

18

答　**a**；カ　**b**；ウ　**c**；オ　**d**；ク　**e**；サ　**f**；ケ

検討　融解では，物質に加えられた熱エネルギーは，固体の粒子が粒子間の引力を弱めて配列をくずすために使用される。また，沸騰では，物質に加えられた熱エネルギーは，液体の粒子が粒子間の引力を振り切り，空間へ飛び出すために使用される。これらの状態変化の間，熱エネルギーは物質の温度上昇には使われないため，物質の温度は一定に保たれる。

テスト対策

●**融点・沸点**⇨加えられた熱エネルギーが状態変化に使われるので，**温度は一定**。

答　キ

検討　ア；領域**A**では，固体のみの状態。

イ；同じ温度の物質中にも熱運動の激しさが異なる粒子が存在するが，熱運動の平均の激しさは，温度が高いほど激しくなる。

ウ；液体表面での蒸発は，沸点より低い温度でも起こっている。

エ；領域**D**では，液体と気体が共存。

オ；領域**E**では，気体のみの状態。気体が直接固体になることを凝華という。

カ；一定圧力のもとでは，同じ物質の融点と凝固点は一致する。

キ；融点・沸点の値は，圧力により変化する。

3 原子の構造と元素の周期表

基本問題 本冊 p.13

20

答　ア；11　イ；11　ウ；11　エ；12　オ；23　カ；$^{35}_{17}Cl$　キ；17　ク；17　ケ；35

検討　Na は質量数23，原子番号11。

エ；中性子の数は23－11＝12

カ；陽子の数17から Cl。

ケ；質量数は17＋18＝35

テスト対策

●**原子番号＝陽子の数＝電子の数**

●**質量数＝陽子の数＋中性子の数**

答　(1) ウとエ　(2) アとウ　(3) イ，ウ

検討　(1)**同位体は，原子番号(陽子の数)が同じで，質量数が互いに異なる原子**である。

(2)(3)陽子の数，中性子の数は順に，

ア；6，8　イ；7，7　ウ；8，8

エ；8，9　オ；9，10

答　ア；2×1^2　イ；2×2^2　ウ；2×3^2　エ；2×4^2　オ；8　カ；18　キ；32　ク；50

検討　最大電子数は$2\times n^2$と表すことができ，**K**殻，**L**殻，**M**殻，**N**殻，**O**殻の順に，n＝1，2，3，4，5を代入する。

答　(1) イ　(2) ア　(3) イとエ

検討　(1)内側から2番目の電子殻に電子が2個入っている原子を選ぶ。

(2)貴ガス原子である，アのヘリウム。

(3)価電子の数が同じ2個であるイとエ。アは貴ガスで価電子の数は0。

テスト対策

●貴ガスの最外殻の電子の数
Heが2個，他は8個。
⇨価電子の数は0

答　ア；価電子　イ；同族元素
ウ；典型

検討　ア；元素を原子番号の順に並べると，価電子の数は，1・2，1～7，1～7，…のように周期的に変化する。
イ；周期表で同じ族に属する元素群を**同族元素**といい，その性質が特に似ている同族元素は貴ガス(18族)やハロゲン(17族)など特別な名称でよばれる。
ウ；周期表の1，2，13～18族の元素を典型元素，3～12族の元素を遷移元素という。典型元素では，同族元素ごとに価電子の数が同じため，反応性などの性質がよく似ている。遷移元素では，最外殻電子の数が1，2個で変化せず，他原子との反応には内側の電子殻の電子が使用されることもあり，厳密には最外殻電子を価電子とはよばない。

答　(1) b　(2) c　(3) キ　(4) ア
(5) ウ　(6) a，オ，カ，キ

検討　**(1)周期表の左側・下側の元素ほど陽性が強く，**陽イオンになりやすい。
(2)18族を除いて，右側・上側の元素ほど陰性が強く，陰イオンになりやすい。
(3)貴ガスは18族。
(4)アルカリ金属は，水素を除いた1族。
(5)遷移元素は3族～12族。
(6)非金属元素は，水素と周期表右上の典型元素。

応用問題 ••••••••••••••••••••••••••• 本冊 *p.14*

26

答　ア，オ

検討　ア；元素は原子番号(陽子の数)によって決まり，同じ元素の原子は，すべて陽子の数が等しい。
イ；2つの原子は陽子の数が等しい。同位体は，陽子の数が同じで，質量数が互いに異なる原子である。
ウ；質量数1の水素原子は中性子をもたず，陽子1個と電子1個からなる。電子の質量は陽子の質量に比べて無視できるほど小さいので，^1_1Hの質量は陽子の質量にほぼ等しい。
オ；同じ元素の原子は，原子番号は同じであるが，質量数の異なる同位体があり，質量が異なる原子がある。

27

答　(1) オ，カ　(2) エ　(3) オとキ
(4) キ　(5) ウ

検討　(1)最外殻電子が**M**殻にあるのは，第3周期の元素である。原子番号11～18の元素を選べばよい。
(2)価電子の数が0であるのは貴ガス原子である。原子番号は各周期の元素の数の合計であり，2，10(＝2＋8)，18(＝2＋8＋8)である。
(3)同族元素の原子は，価電子の数が互いに等しい。価電子の数は，原子番号とその原子の1つ前の周期の貴ガスの原子番号との差であるから，
オ；11－10＝1，キ；19－18＝1
(4)周期表の左側・下側の元素ほど陽性が強く，陽イオンになりやすい。あてはまるのは，1族の原子番号の大きい元素。
(5)周期表の右側・上側(18族を除く)ほど陰性が強く，陰イオンになりやすい。あてはまるのは17族の原子番号の小さい元素。

テスト対策

●次の関係を覚えておこう。

周　　　期⇨	1	2	3	4
元素の数⇨	2	8	8	18
価電子の電子殻⇨	K	L	M	N

28

答　(1) ○　(2) ×　(3) ○

検討　(1)**化学的性質は，電子配置によって決まる**。同位体は同じ電子配置である。

(2)同位体は，原子番号が同じなので，同じ元素だが，質量数が異なるから，質量が異なる。

(3)放射性同位体の α 壊変では，もとの原子からヘリウムの原子核(陽子2個と中性子2個)が放出される現象が起こるので，もとの原子よりも原子番号が2小さく，質量数が4小さい他の元素の原子に変化する。

29

答　(1) 12　(2) 典型元素　(3) 金属元素

検討　(1)価電子が M 殻にあるのは第3周期の元素であり，第1周期，第2周期の元素の数はそれぞれ2，8であるから，原子番号は，

$2+8+2=12$

(2)第3周期までは，すべて典型元素。

(3)典型元素で価電子を2個もつのは2族元素である。2族元素は金属元素で，**アルカリ土類金属**とよばれる。

30

答　(1) E　(2) B と D　(3) F
(4) A，B　(5) D

検討　(1)貴ガスの最外殻の電子数は，He 以外は8個である(He は2個)。

(2)最外殻電子の数が互いに等しいもの。A と G も最外殻電子の数が等しいが，G は M 殻に9個の電子が入っており，原子番号が21であることに注目し，2族ではないことに注意する(G は3族のスカンジウム Sc)。

(3)1族で原子番号の大きいもの。

(4)最外殻電子の入っているのが L 殻のもの。

(5) E が Ar であるから，これより原子番号が2小さいもの。

31

答　(1) 16　(2) ア；a，イ；e，ウ；f，エ；i，オ；o　(3) ①K；2，L；2
②K；2，L；6　③K；2，L；8，M；1
④K；2，L；8，M；8
(4) h，p　(5) h　(6) 20

検討　(1)第1周期の元素の数は2より，原子番号は，$2+8+6=16$

(2)**価電子の数が，族の番号の1の位の数に等しい**(18族を除く)ことに着目する。

(4)原子番号2は He であり，18族元素。

(5)2価の陽イオンになるから，j より原子番号が2小さい元素。

(6) o の原子番号は17。**質量数＝陽子の数(原子番号)＋中性子の数**より，$37-17=20$

4 イオン結合とその結晶

基本問題

本冊 *p.17*

32

答　ア；1　イ；ネオン　ウ；7
エ；アルゴン　オ；イオン

検討　価電子を放出して陽イオンとなり，電子を受け入れて陰イオンとなる。どちらのイオンも安定な貴ガスと同じ電子配置となる。

これらの陽イオンと陰イオン間の結合がイオン結合である。

33

答　(1) ウ，10　(2) イ，10　(3) オ，18
(4) エ，10

検討　各原子の安定なイオン(下線部)とその電子の数；

ア；$Be \longrightarrow \underline{Be^{2+}} + 2e^-$，$4-2=2$

イ；$F + e^- \longrightarrow \underline{F^-}$，$9+1=10$

ウ；$Na \longrightarrow \underline{Na^+} + e^-$，$11-1=10$

エ；$Al \longrightarrow \underline{Al^{3+}} + 3e^-$，$13-3=10$

オ；$S + 2e^- \longrightarrow \underline{S^{2-}}$，$16+2=18$

カ；$Ca \longrightarrow \underline{Ca^{2+}} + 2e^-$，$20-2=18$

テスト対策

●**イオンの電子数**

陽イオン＝原子番号－価数
陰イオン＝原子番号＋価数

答　(1) ア　(2) イ，ウ，エ　(3) オ，カ

検討　各原子の安定なイオン(下線部)と，そのイオンの電子配置と同じ原子は以下の通り。

ア；Li ⟶ Li^+ + e^-，He

イ；O + $2e^-$ ⟶ O^{2-}，Ne

ウ；Na ⟶ Na^+ + e^-，Ne

エ；Mg ⟶ Mg^{2+} + $2e^-$，Ne

オ；Cl + e^- ⟶ Cl^-，Ar

カ；K ⟶ K^+ + e^-，Ar

テスト対策

●典型元素の安定なイオンの電子配置＝貴ガスの電子配置

Li^+，Be^{2+} ⇨ He
O^{2-}，F^-，Na^+，Mg^{2+}，Al^{3+} ⇨ Ne
S^{2-}，Cl^-，K^+，Ca^{2+} ⇨ Ar

35

答　(1) Na　(2) He　(3) F

検討　(1)イオン化エネルギーは，周期表の左側・下側の元素ほど小さい。よって，あてはまる元素は1族のNa。

(2)イオン化エネルギーは，一般に，周期表の右側・上側の元素ほど大きい。よって，あてはまる元素は18族のHe。

(3)電子親和力は，周期表の18族を除く，右側の元素ほど大きい。よって，あてはまる元素は17族のF。

テスト対策

●イオン化エネルギーが小さい。
⇨ **陽イオンになりやすい。**
⇨ 周期表の左側・下側の元素ほど小さい。

●電子親和力が大きい。
⇨ **陰イオンになりやすい。**
⇨ 周期表の右側(18族を除く)の元素ほど大きい。

36

答　(1) $K^+ > Na^+ > Li^+$　(2) $Br^- > Cl^- > F^-$
(3) $Na^+ > Mg^{2+} > Al^{3+}$　(4) $O^{2-} > F^- > Na^+$
(5) $S^{2-} > Cl^- > F^-$　(6) $S^{2-} > O^{2-} > Na^+$

検討　(1)(2)同族元素のイオンどうしであり，原子番号が大きいイオンほど半径が大きい。

(3)(4)同じ電子配置のイオンどうしであり，原子番号の小さいイオンほど半径が大きい。

(5) Cl^-とF^-は同族元素のイオンどうしであり$Cl^- > F^-$，Cl^-とS^{2-}は同じ電子配置のイオンどうしであり$S^{2-} > Cl^-$。

(6) S^{2-}とO^{2-}は同族元素のイオンどうしであり$S^{2-} > O^{2-}$，Na^+とO^{2-}は同じ電子配置のイオンどうしであり$O^{2-} > Na^+$。

テスト対策

●イオン半径の大小
⇨ **同族元素**のイオンでは，**原子番号の大きいイオンほど半径が大きい。**
⇨ **同じ電子配置**のイオンでは，**原子番号の小さいイオンほど半径が大きい。**

37

答　イ

検討　イオン結晶は，固体の状態では電気を通さないが，加熱融解すると電気を通す。

38

答　ア；Na_2SO_4　イ；Na_3PO_4
ウ；$MgCl_2$　エ；$MgSO_4$　オ；$Mg_3(PO_4)_2$
カ；$FeCl_3$　キ；$Fe_2(SO_4)_3$　ク；$FePO_4$

検討　組成式中の陽イオンと陰イオンのそれぞれの(価数)×(個数)が等しくなるようにする。

多原子イオンが2個以上の場合，多原子イオンを(　)で囲み，その右下に個数を書く。

テスト対策

●組成式の書き方
(陽イオンの価数)×(陽イオンの数)
＝(陰イオンの価数)×(陰イオンの数)

応用問題　本冊 p.18

39

答　ウ

検討　電子配置は，Na^+，F^-，Mg^{2+} は Ne と同じであり，Cl^-，K^+，Ca^{2+} は Ar と同じである。

40

答　(1) c　(2) e　(3) g

検討　(1)**イオン化エネルギーが小さい原子ほど陽イオンになりやすい**。したがって，イオン化エネルギーの最小のものを選ぶ。
(2)**貴ガスは電子配置が安定**であり，陽イオンになりにくく，イオン化エネルギーが大きい。したがって，最大のものを選ぶ。
(3)**電子親和力が大きい原子ほど陰イオンになりやすく**，18族を除いた周期表の右側の元素で，17族の元素である。したがって，イオン化エネルギーの2番目に大きいものを選ぶ。

41

答　イ，オ

検討　ア，ウ；原子番号が13であるから，陽子の数も13である。質量数が27であるから，中性子の数は，$27-13=14$
イ，エ；電子の数は，陽イオンで価数が3であるから，$13-3=10$
オ；電子配置は，原子番号10の Ne と同じ。

42

答　ウ

検討　各イオンと同じ電子配置の貴ガス；
ア；F^-は Ne，Cl^- は Ar
イ；Ca^{2+} は Ar，Br^- は Kr
ウ；K^+，S^{2-}，Cl^- は，いずれも Ar
エ；Na^+，F^- は Ne，K^+ は Ar
オ；H^+ は陽子（質量数2の重水素や，質量数3の三重水素の陽イオンは陽子＋中性子），Li^+ は He

43

答　カ

検討　陽子の数は，$25+2=27$
中性子の数は，$59-27=32$
Co 原子の電子の数は，陽子の数と同じ27

答　(1) **L**　(2) **E**　(3) **J**，**L**，**M**
(4) イ，ウ，エ，カ

検討　原子番号から，**A**～**M** の元素は次のようになる。
A；C，**D**；O，**E**；F，**G**；Na，**J**；S，**L**；K，**M**；Ca
(1)イオン化エネルギーは，周期表の左側・下側の元素ほど小さい。よって **L**(K)。
(2)電子親和力は，周期表の18族を除く，右側の元素ほど大きい。よって **E**(F)。
(3) Ar と同じ電子配置となるのは，S^{2-}，K^+，Ca^{2+}。よって，**J**(S)，**L**(K)，**M**(Ca)。
(4)ア～カは次のように表される。
ア；CO_2，イ；CaO，ウ；NaF，エ；CaF_2，オ；SO_2，カ；KF
　イオン結晶は金属元素と非金属元素の原子どうしが結合している CaO，NaF，CaF_2，KF である。

5　共有結合とその結晶

基本問題　本冊 p.21

答　ア，イ，ウ，オ

検討　非金属元素の原子どうしの結合が共有結合である。
ア；C も O も非金属元素。
イ；ダイヤモンドは炭素原子が次々と共有結合してできた結晶。
ウ；H も O も非金属元素。
エ；Na は金属元素，Cl は非金属元素。
オ；N も H も非金属元素。
カ；Ca は金属元素，O は非金属元素。

テスト対策

●**非金属元素の原子間の結合 ⇨ 共有結合**

●**共有結合に関係する非金属元素**

(H)							He
Li	Be	(B)	(C)	(N)	(O)	(F)	Ne
Na	Mg	Al	(Si)	(P)	(S)	(Cl)	Ar
K	Ca					(Br)	Kr
						(I)	Xe

⇨ 上図の○印。Li, Be, Na, Mg, Al, K, Ca は金属元素。貴ガスは反応性がほとんどない。

46

答　ア；価電子(不対電子)　イ；8　ウ；ネオン　エ；K　オ；2　カ；ヘリウム　キ；共有

検討　非金属元素の原子の価電子のいくつかを互いに共有し合った結合が共有結合であり，**共有し合うことによって，それぞれの原子は貴ガスと同じ安定な電子配置となる。**

47

答　ウ，エ，キ

検討　H 以外の原子のまわりにある最外殻電子は8個である。正しくは以下のようになる。

ウ　$:\ddot{O}::C::\ddot{O}:$　　エ　$H:\ddot{\underset{..}{S}}:H$

キ　$H:\overset{H}{\underset{..}{\ddot{N}}}:H$

48

答　(1) ウ　(2) ア，エ　(3) ア

検討　それぞれの物質の電子式は次の通り。

ア　$:N\vdots\vdots N:$　　イ　$H:\overset{..}{\underset{H}{\ddot{N}}}:H$

ウ　$H:\overset{H}{\underset{H}{\ddot{C}}}:H$　　エ　$H:\overset{..}{\underset{..}{O}}:H$

オ　$:\ddot{O}::C::\ddot{O}:$

49

答　(1) $H:\overset{..}{\underset{..}{Cl}}:$　H−Cl　(2) $H:\overset{..}{\underset{H}{\ddot{N}}}:H$　H−N−H（N の下に H）

(3) $H:\overset{H}{\underset{H}{\ddot{C}}}:H$　H−C−H（C の上下に H）　(4) $:\ddot{O}::C::\ddot{O}:$　O=C=O

(5) $:N\vdots\vdots N:$　N≡N　(6) $H:\overset{H}{\underset{H}{\ddot{C}}}:\overset{..}{\underset{..}{O}}:H$　H−C−O−H（C の上下に H）

検討　電子式は，元素記号のまわりに最外殻電子を点・で表す。最外殻電子の数は，H のまわりに2個，他の元素のまわりに8個である。

構造式の価標は，電子式の共有電子対1組につき1本かく。

テスト対策

●**電子式のかき方**

最外殻電子・は，H のまわりには2個，他の元素のまわりには8個。

50

答　イ

検討　ア；配位結合は共有結合の一種である。

イ；CH_4 は非共有電子対をもっていないから配位結合できない。H^+ は非共有電子対をもつ分子と配位結合する。

ウ；金属元素の陽イオンに，分子やイオンが配位結合したものを錯イオンという。

51

答　(1)ア，ウ，エ，カ　(2) イ，エ，オ，カ

検討　ダイヤモンドと黒鉛は，ともに炭素からなる(カ)共有結合の結晶であり，融点が非常に高い(エ)。

ダイヤモンドは，無色透明(ア)で非常に硬く(ウ)，電気を通さない。一方，黒鉛は，黒色不透明(イ)でやわらかく，電気を通す(オ)。

応用問題 本冊 p.22

52

答　(1) ア　(2) ウ，エ，カ　(3) ア，エ　(4) イ，オ，キ　(5) キ　(6) エ　(7) イ

検討　それぞれの物質の電子式は次の通り。

```
ア  H:N̈:H      イ  ⎡   H   ⎤+
       H           ⎢H:N̈:H⎥
                   ⎣   H   ⎦

ウ  H:Ö:H      エ  :N⋮⋮N:
      ̤

      H                H
オ  H:C̈:H      カ  H:C̈:Ö:H
      H                H

キ  :Ö::C::Ö:
```

53

答 (1)

```
  H  H          H       H
H-C-C-H           C=C
  H  H          H       H

H-C≡C-H
```

(2)

```
  H  H              H     H
H-C-C-O-H         H-C-O-C-H
  H  H              H     H
```

検討 (1)原子価はHは1，Cは4である。分子内に二重結合や三重結合がある場合も考える。
(2)原子価はHは1，Oは2，Cは4である。

テスト対策

●覚えておきたい原子価

H；1，O；2，N；3，C；4

54

答 (1) ウ　(2) イ

検討 (1)共有結合の結晶は，炭素C(ダイヤモンド，黒鉛)，ケイ素Si，二酸化ケイ素SiO_2(石英，水晶)などである。フラーレンは多数の炭素原子(60個，70個など)からなる分子である。
(2)アンモニウムイオンNH_4^+，オキソニウムイオンH_3O^+，錯イオン($[Fe(CN)_6]^{3-}$など)は配位結合を含むので，それらを含む物質も配位結合を含むと判断できる。

55

答 (1) エ，カ　(2) ア，キ　(3) ウ，ク

検討 同族元素の原子は，価電子の数が同じであるため，中心の原子が同族元素である分子どうしは，同じ構造をとることが多い。
(1) OとSは同族元素で，H_2OとH_2Sの分子は折れ線形である。
(2) NとPは同族元素で，NH_3とPH_3の分子は三角錐形である。
(3) CH_4とCCl_4の分子構造は同じで，正四面体形である。

56

答 (1) エ，カ　(2) ア，ケ　(3) イ，キ　(4) オ，ク

検討 (1)分子結晶は分子間力が弱いため，ナフタレンやドライアイスのような昇華性の結晶が多い。
(2)(3)共有結合の結晶には，C，Si，SiO_2からなるものがある。Cからなる結晶にはダイヤモンドと黒鉛があり，これらは単体である。また，SiO_2からなる結晶には石英，水晶やケイ砂などがあり，これらは化合物である。
(4)塩化アンモニウムNH_4ClのNH_4^+はNH_3とH^+との配位結合からなる。また，ヘキサシアニド鉄(Ⅱ)酸カリウムの$[Fe(CN)_6]^{4-}$のような錯イオンも配位結合からできている。

57

答 ア；共有　イ；分子　ウ；正四面体　エ；4

検討 ケイ素Siとダイヤモンドの炭素Cは，価電子が4個であり，正四面体構造の中心と頂点に原子が位置する構造の共有結合の結晶である。

6 分子の極性と分子間の結合

基本問題 本冊 p.25

58

答 (1) ウ　(2) ウ

検討 ⑴**電気陰性度は，周期表の右側（18族を除く），上側の元素ほど大きい。**
⑵**電気陰性度の差が大きいほど，結合の極性が大きい。**電気陰性度が最も大きいFとHとの差が最も大きい。

59

答 ⑴ ア，カ　⑵ ウ　⑶ エ，キ
⑷ オ　⑸ イ，ク

検討 ア；単体は無極性分子である。
イ；正四面体形で，C－H結合の極性を互いに打ち消し合うので，無極性分子である。
ウ；二原子分子の化合物は極性分子である。
エ；折れ線形で，結合の極性を互いに打ち消し合わないので，極性分子である。
オ；三角錐形で，結合の極性を互いに打ち消し合わないので，極性分子である。
カ；直線形で，C＝O結合の極性を互いに打ち消し合うので，無極性分子である。
キ；折れ線形で，結合の極性を互いに打ち消し合わないので，極性分子である。
ク；正四面体形で，C－Cl結合の極性を互いに打ち消し合うので，無極性分子である。

テスト対策
●**単体 ⇨ 無極性分子**
●**二原子分子の化合物 ⇨ 極性分子**
●**多原子分子の化合物**
　{ CH_4；正四面体形 / CO_2；直線形 } ⇨ **無極性分子**
　{ NH_3；三角錐形 / H_2O；折れ線形 } ⇨ **極性分子**

60

答 ⑴ I_2，Br_2，Cl_2　⑵ C_3H_8，C_2H_6，CH_4
⑶ HF，HBr，HCl　⑷ H_2O，H_2Se，H_2S
⑸ GeH_4，SiH_4，CH_4
⑹ NH_3，AsH_3，PH_3　⑺ Ar，Ne，He

検討 分子間の引力が大きい物質ほど沸点が高い。構造が同じような分子では，**分子量が大きい物質ほどファンデルワールス力が強く，沸点が高い。**ただし，**分子間で水素結合を形成するHF，H_2O，NH_3は沸点が異常に高い。**
⑴⑵⑸分子量の大きい順。
⑶ HFは分子間で水素結合を形成する。それ以外は分子量の大きい順。
⑷ H_2Oは分子間で水素結合を形成する。それ以外は分子量の大きい順。
⑹ NH_3は分子間で水素結合を形成する。それ以外は分子量の大きい順。
⑺原子量の大きい順。

テスト対策
●**構造が似ている物質の沸点**
　⇨ 分子量が大きいほど高い。
●**HF，H_2O，NH_3の沸点**
　⇨ 水素結合のため，異常に高い。

61

答 ア

検討 ア；水は，酢酸や塩化水素，スクロース，エタノールといった分子からなる物質もよく溶かす。
イ，ウ，エ；氷（固体）のほうが水（液体）より密度が小さいことや，水の沸点が分子量から予想されるより異常に高いのは，水素結合と関係している。

62

答 **a**；ケ　**b**；キ　**c**；エ　**d**；ク
e；オ　**f**；イ　**g**；ア　**h**；コ

検討 水は，分子量から予想されるより沸点が異常に高い。これは水素結合を形成するからである。水が水素結合を形成するのは，酸素原子と水素原子の電気陰性度の差が大きく，強い極性をもつことによる。

応用問題 ••••••••••••••••••••

本冊 *p.26*

63

答 ウ，イ，ア，エ

検討 **電気陰性度の差が大きいものほど極性が**

大きい。電気陰性度の差は次の通りである。
ア；3.2－2.2＝1.0　　イ；3.4－1.3＝2.1
ウ；4.0－0.9＝3.1　　エ；0

64

答　(1) オ　(2) ウ

検討　ア；H_2O ➡ 折れ線形で極性分子
CH_4 ➡ 正四面体形で無極性分子
イ；NH_3 ➡ 三角錐形で極性分子
C_2H_6 ➡ 2個の正四面体形が結合した構造で無極性分子
ウ；CH_3Cl ➡ 電荷が Cl 原子にかたよった四面体形で極性分子
H_2S ➡ 折れ線形で極性分子
エ；CH_3OH ➡ 水分子の H と CH_3 が置き換わった折れ線形で極性分子
Cl_2 ➡ 単体で無極性分子
オ；Cl_2 ➡ 単体で無極性分子
CCl_4 ➡ 正四面体形で無極性分子
カ；SiH_4 ➡ 正四面体形で無極性分子
HCl ➡ 二原子分子の化合物で極性分子
キ；CO_2 ➡ 直線形で無極性分子
PH_3 ➡ 三角錐形で極性分子

65

答　(1) $\mathbf{A_1}$；CH_4，$\mathbf{B_1}$；H_2O，$\mathbf{C_1}$；HF
(2) 分子間で水素結合を形成するため。
(3) 周期が大きくなるほど分子量が大きくなるから。

検討　(1) A_1は14族の第2周期の元素の水素化合物であるから，炭素Cの水素化合物であり，CH_4 である。B_1は16族の第2周期の元素の水素化合物であるから，酸素 O の水素化合物であり，H_2O である。C_1は，17族の第2周期の元素の水素化合物であるから，フッ素 F の水素化合物であり，HF である。
(2) H_2O，HF は，分子間で水素結合を形成するので，沸点が異常に高い。
(3)分子構造が似ている物質は，分子量が大きいほどファンデルワールス力が強くはたらくので，沸点は分子量が大きいほど高くなる。それぞれの族では，周期が大きくなるほど原子量が大きくなり，水素化合物の分子量が大きくなる。

答　**A**；オ　**B**；ア　**C**；エ

検討　① **A**，**B**，**C** は四面体形なので CCl_4，CH_4，CH_3Cl のいずれか。
② **A** は極性分子であるから，CH_3Cl。
③ **C** は非共有電子対をもたないから，CH_4。

答　イ，カ

検討　ア；一般的に，**電気陰性度の差が大きいほど電荷のかたよりが大きくなる。**
イ；水素結合を形成するのはフッ化水素 HF，水 H_2O，アンモニア NH_3 である。
ウ；塩化水素は二原子分子の化合物なので，極性分子である。
エ；メタンは正四面体形。各 C－H 結合に極性はあるが，分子の形により互いに打ち消し合い，全体としては無極性である。
オ；アンモニア分子がもつ非共有電子対は1組である。
カ；水分子は極性をもつので，Na^+ や Cl^- と静電気的な引力によって引き合う（水和という）。

7　金属結合と金属

基本問題 本冊 *p.28*

68

答　イ

検討　ア；金属はすべて**金属光沢をもつ。**
イ；水銀は常温で液体である。
ウ；自由電子があるため，**電気伝導性がある。**
エ；自由電子による結合であるから，原子はずれることができ，**展性・延性に富む。**

69

答　**a**；ケ　**b**；エ　**c**；イ　**d**；ウ　**e**；キ

検討　金属元素の原子はイオン化エネルギーが小さく，原子から価電子を放出しやすい。

自由電子は電子殻の重なり合ったところを自由に動き回り，金属原子どうしを結びつけている。

70

答　(1) Hg　(2) Ag　(3) Au

検討　(1)常温で唯一液体の金属である水銀 Hg の融点が最も低い。

(2)金属の熱伝導性・電気伝導性は，大きいほうから順に，銀 Ag ＞銅 Cu ＞金 Au。

(3)展性・延性は，金 Au が最大で，次点は銀 Ag。3番目以降の金属は，展性と延性で異なる。

71

答　(1) 4個　(2) **1.2×10^{-8} cm**

検討　(1)8個の単位格子をかねている頂点が8個あり，2個の単位格子をかねている面の中心の原子が6個あるから，求める単位格子中の原子数は，

$$\frac{1}{8}\times8+\frac{1}{2}\times6=4\text{個}$$

(2)本冊 ***p.29*** の図より次の関係がある。

$$2l^2=(4r)^2$$

よって　$r=\frac{\sqrt{2}}{4}l=\frac{\sqrt{2}}{4}\times3.5\times10^{-8}$

$\fallingdotseq1.2\times10^{-8}$ cm

応用問題 ……………………… 本冊 *p.29*

72

答　エ

検討　ア；自由電子が光を反射するため，光沢があり，不透明である。

イ；自由電子による結合であるため，原子がずれることができるので，展性・延性がある。

ウ；自由電子が熱や電気を伝える。

エ；Na^+ は安定したイオンで，無色である。これは自由電子とは関係がない。

オ；金属結合は自由電子による結合であり，1原子あたりが放出する自由電子の数や金属原子の大きさによって金属結合の強さは変化する。それにともない，金属の融点も大小さまざまになる。

73

答　(1) ア　(2) ウ

検討　各単位格子の**充塡率の大小は次の通り。**

体心立方格子＜面心立方格子＝六方最密構造

したがって，密度は，面心立方格子と六方最密構造が等しく，体心立方格子の密度はこれらより小さい。

74

答　(1) 体心立方格子　(2) **3.4×10^{-8} cm**

検討　(2)原子半径を r〔cm〕とすると，立方体の対角線が $4r$〔cm〕より，

$$(4r)^2=a^2+(\sqrt{2}a)^2$$

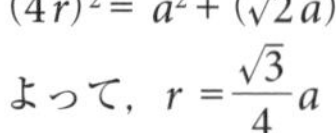

よって，$r=\frac{\sqrt{3}}{4}a$

$=\frac{\sqrt{3}}{4}\times4.0\times10^{-8}=1.7\times10^{-8}$ cm

原子の中心間の距離は，原子半径の2倍より，

$1.7\times10^{-8}\times2=3.4\times10^{-8}$ cm

75

答　(1) **α 鉄；2個，γ 鉄；4個**

(2) **α 鉄；8個，γ 鉄；12個**　(3) α 鉄

(4) γ 鉄

検討　(1) α 鉄は体心立方格子であるから2個（8個の単位格子をかねている，立方体の頂点にある原子8個と，立方体の中心にある原子1個）であり，γ 鉄は面心立方格子であるから4個（8個の単位格子をかねている，立方体の頂点にある原子8個と，2個の単位格子をかねている，立方体の面にある原子6個）である。

(2) α 鉄では，体心立方格子の中心の原子でわかるように，隣接する原子は8個である。
γ 鉄では，面心立方格子の面の中心の原子は，同一平面上にある4個の原子，下の層にある4個の原子，上の層にある4個の原子と接している。よって，隣接する原子数は，
$4\times3=12$個
(3)結合距離は，原子半径の2倍であるから，α 鉄の結合距離を S〔nm〕，γ 鉄の結合距離を S'〔nm〕とすると，
α 鉄；$(2S)^2=3\times0.29^2$
$\therefore S\fallingdotseq0.247\,\text{nm}$
γ 鉄；$(2S')^2=2\times0.36^2$
$\therefore S'=0.252\,\text{nm}$
よって，$S<S'$ となる。
(4)鉄原子1個の質量を w〔g〕とすると，
α 鉄；$\dfrac{2w\,[\text{g}]}{0.29^3\,\text{nm}^3}\fallingdotseq82w\,[\text{g/nm}^3]$
γ 鉄；$\dfrac{4w\,[\text{g}]}{0.36^3\,\text{nm}^3}\fallingdotseq86w\,[\text{g/nm}^3]$
面心立方格子である γ 鉄のほうが，体心立方格子である α 鉄より密度が大きい。

8 原子量・分子量と物質量

基本問題

本冊 p.31

76

答　① **44**　② **44**　③ **180**　④ **132**　⑤ **62**

検討　化学式を構成する原子の原子量の総和を求める。
①$12+16\times2=44$
②$12\times3+1.0\times8=44$
③$12\times6+1.0\times12+16\times6=180$
④$(14+1.0\times4)\times2+32+16\times4=132$
⑤$14+16\times3=62$

77

答　**63.5**

検討　原子量は，同位体の相対質量を，同位体の存在比に基づいて平均したものである。銅の原子量は以下のようになる。

$$62.9\times\frac{69.2}{100}+64.9\times\frac{30.8}{100}\fallingdotseq63.5$$

テスト対策

●同位体のある元素の原子量

原子量$=M_1\times\dfrac{X_1}{100}+M_2\times\dfrac{X_2}{100}+\cdots\cdots$

M_i；同位体の相対質量
X_i；同位体の存在比〔%〕

答　エ

検討　金属元素Mの原子量を y とすると，
$X=y+80\times3$　より，$y=X-240$
したがって，M_2O_3 の式量は，
$2(X-240)+16\times3=2X-432$

答　(1) **0.050 mol**　(2) **3.0×10²²個**　(3) **0.45 mol**

検討　(1)エタノールの分子量は $C_2H_6O=46$ より，モル質量は46 g/mol。よって，
$\dfrac{2.3\,\text{g}}{46\,\text{g/mol}}=0.050\,\text{mol}$
(2)アボガドロ定数 $N_A=6.0\times10^{23}$/mol は，物質1 molあたりの粒子数なので，
$6.0\times10^{23}/\text{mol}\times0.050\,\text{mol}=3.0\times10^{22}$個
(3)エタノール C_2H_6O 1 mol中に含まれる原子の物質量は，
$2\,\text{mol}+6\,\text{mol}+1\,\text{mol}=9\,\text{mol}$
よって，$0.050\,\text{mol}\times9=0.45\,\text{mol}$

80

答　(1) $\mathbf{2.0\times10^{-23}\,g}$　(2) $\mathbf{3.0\times10^{-23}\,g}$　(3) $\mathbf{3.8\times10^{-23}\,g}$

検討　(1) Cの原子量12.0より，C原子 6.0×10^{23} 個の質量が12.0 gであるから，C原子1個の質量は，
$\dfrac{12.0\,\text{g}}{6.0\times10^{23}}=2.0\times10^{-23}\,\text{g}$
(2)水の分子量は $H_2O=18.0$ より，H_2O 分子

6.0×10^{23}個の質量が18.0gであるから，H_2O分子1個の質量は，

$$\frac{18.0\,\text{g}}{6.0\times10^{23}}=3.0\times10^{-23}\,\text{g}$$

(3) Naの原子量23.0より，Na^+ 6.0×10^{23}個の質量が23.0gであるから，Na^+ 1個の質量は，

$$\frac{23.0\,\text{g}}{6.0\times10^{23}}\fallingdotseq3.8\times10^{-23}\,\text{g}$$

答　(1) **0.25mol**　(2) **3.0×10^{22}個**
(3) **2.2L**　(4) **28.0**

検討　(1)**気体の種類に関係なく1molの気体は0℃，1.013×10^5Pa(標準状態)で22.4Lで**あるから，

$$\frac{5.6\,\text{L}}{22.4\,\text{L/mol}}=0.25\,\text{mol}$$

(2)$6.0\times10^{23}/\text{mol}\times\frac{1.12\,\text{L}}{22.4\,\text{L/mol}}=3.0\times10^{22}$

(3)窒素の分子量は$N_2=28.0$より，モル質量は28.0g/molなので，

$$22.4\,\text{L/mol}\times\frac{2.8\,\text{g}}{28.0\,\text{g/mol}}=2.24\,\text{L}\fallingdotseq2.2\,\text{L}$$

(4)$1.25\,\text{g/L}\times22.4\,\text{L/mol}=28.0\,\text{g/mol}$
よって，分子量は28.0

82

答　(1) **7.5×10^{22}個**　(2) **4.0g**
(3) **16**

検討　(1)モル体積は22.4L/molより，

$$6.0\times10^{23}/\text{mol}\times\frac{2.8\,\text{L}}{22.4\,\text{L/mol}}=7.5\times10^{22}$$

(2)酸素の分子量は$O_2=32.0$より，モル質量は32.0g/mol。よって，

$$32.0\,\text{g/mol}\times\frac{2.8\,\text{L}}{22.4\,\text{L/mol}}=4.0\,\text{g}$$

(3)$2.0\,\text{g}\times\frac{22.4\,\text{L/mol}}{2.8\,\text{L}}=16\,\text{g/mol}$
よって，分子量は16

応用問題 本冊 p.33

83

答　イ

検討　${}^{10}_{5}B$の存在比をx〔%〕とすると，相対質量≒質量数より，

$$10\times\frac{x}{100}+11\times\frac{100-x}{100}=10.8$$
$$\therefore x=20\,\%$$

84

答　**1×10^{21}個**

検討　${}^{13}C$の存在比をx〔%〕とすると，${}^{12}C$の相対質量はすべての原子の基準として12ちょうどと決められているから，

$$12\times\frac{100-x}{100}+13.00\times\frac{x}{100}=12.01$$
$$\therefore x=1\,\%$$

ダイヤモンド2.01gに含まれる${}^{13}C$原子数は，

$$6.0\times10^{23}\times\frac{2.01}{12.01}\times\frac{1}{100}\fallingdotseq1\times10^{21}$$

85

答　$\boldsymbol{\frac{24w}{m-w}}$

検討　結びついた酸素の質量は，$m-w$〔g〕
金属Mの原子量をxとすると，酸化物の組成式がM_2O_3なので，

$$(m-w):w=16\times3:2x\quad\therefore x=\frac{24w}{m-w}$$

86

答　ウ

検討　この酸化物の原子数の比は，

$$X:O=\frac{86.4}{152}:\frac{100-86.4}{16}\fallingdotseq0.57:0.85\fallingdotseq2:3$$

よって，この酸化物の組成式は，X_2O_3

87

答　(1) **最大**；ウ，**最小**；ア　(2) **最大**；エ，**最小**；イ　(3) **最大**；オ，**最小**；イ

検討　(1)一定質量中の物質量は，分子量に反比例する。ア～オそれぞれの分子量は，
ア；$CO_2=44$ ➡ 最小
イ；$H_2O=18$
ウ；$H_2=2.0$ ➡ 最大
エ；$N_2=28$
オ；$O_2=32$
(2)一定物質量中の質量は，分子量・式量に比

例する。ア～オそれぞれの分子量・式量は，
ア；CO_2 ＝44
イ；H_2O ＝18 ➡ 最小
ウ；O_2 ＝32
エ；NaCl ＝58.5 ➡ 最大
オ；Cl^-＝35.5
(3)同温・同圧では，同体積中に同数の分子を含むので，気体の密度は分子量に比例する。ア～オそれぞれの分子量は，
ア；N_2 ＝28
イ；H_2 ＝2.0 ➡ 最小
ウ；O_2 ＝32
エ；CH_4 ＝16
オ；Ar ＝40 ➡ 最大

88

答　(1) $\dfrac{M}{N_A}$　(2) $\dfrac{mN_A}{M}$　(3) $\dfrac{vM}{V_m}$
(4) $\dfrac{M}{V_m}$

検討　(1)分子量＝分子1個の質量×アボガドロ定数が成り立つ。
(2)分子数＝物質量×アボガドロ定数　$\dfrac{m}{M}\times N_A$
(3)質量＝物質量×モル質量　$\dfrac{v}{V_m}\times M$
(4)密度＝質量÷体積より，
密度＝モル質量÷モル体積　$M \div V_m$

89

答　1.3×10^2

検討　この立方体の体積は$(6.0\times10^{-8})^3\,\text{cm}^3$なので質量は，
$4.0\,\text{g/cm}^3\times(6.0\times10^{-8})^3\,\text{cm}^3$
$=8.64\times10^{-22}\,\text{g}$
原子量を x とすると，
$4:8.64\times10^{-22}=6.0\times10^{23}:x$
$\therefore x\fallingdotseq1.3\times10^2$

90

答　ウ

検討　混合気体1 mol を考え，その中のネオンの物質量をx〔mol〕とすると，混合気体1 mol の質量は，$20x+40(1-x)$〔g〕
一方，密度1.34 g/L より，混合気体1 mol の質量は1.34×22.4 g とも表せるので，
$20x+40(1-x)=1.34\times22.4$
$\therefore x\fallingdotseq0.50$
ネオンとアルゴンの物質量の比は，1：1

9　溶液の濃度と固体の溶解度

基本問題

本冊 p.35

91

答　37.5 %，3.75 g

検討
$$\text{質量パーセント濃度〔\%〕}=\frac{\text{溶質の質量〔g〕}}{\text{溶液の質量〔g〕}}\times100$$
溶液の質量は(100＋60.0) g より，
$\dfrac{60.0}{100+60.0}\times100=37.5\,\%$
37.5 %水溶液10.0 g に溶けている硝酸カリウムの質量は，$10.0\times\dfrac{37.5}{100}=3.75\,\text{g}$

92

答　3.5 %

検討　混合溶液中の塩化ナトリウムの質量は，
$60\times\dfrac{3.0}{100}+20\times\dfrac{5.0}{100}=2.8\,\text{g}$
溶液の質量は，(60＋20) g なので，混合溶液の質量パーセント濃度は，
$\dfrac{2.8}{60+20}\times100=3.5\,\%$

93

答　1.0 mol/L

検討　水酸化ナトリウムの式量はNaOH＝40で，8.0 g の NaOH の物質量は，
$\dfrac{8.0}{40}=0.20\,\text{mol}$
いま水溶液200 mL に0.20 mol の NaOH が溶けているから，これを水溶液1 L(1000 mL)あたりに換算するとモル濃度が得られる。
$0.20\times\dfrac{1000}{200}=1.0\,\text{mol/L}$

テスト対策

●モル濃度 c〔mol/L〕，溶質の物質量 n〔mol〕，溶液の体積 v〔mL〕の間の関係

$$c = n \times \frac{1000}{v} \longleftrightarrow n = c \times \frac{v}{1000}$$

答　**0.20g**

検討　0.10mol/L の水酸化ナトリウム水溶液50mL 中に溶けている NaOH の物質量は，

$$0.10 \times \frac{50}{1000} = 5.0 \times 10^{-3}\,\text{mol}$$

水酸化ナトリウムの式量は NaOH＝40で，NaOH の質量は，

$$5.0 \times 10^{-3} \times 40 = 0.20\,\text{g}$$

答　**10.0mol/L**

検討　溶液1L（1000cm³）中の溶質の物質量は，

$$1000\,\text{cm}^3 \times 1.16\,\text{g/cm}^3 \times \frac{31.5}{100} \times \frac{1}{36.5\,\text{g/mol}}$$

$\fallingdotseq 10.0\,\text{mol}$　　$\therefore 10.0\,\text{mol/L}$

テスト対策

●モル濃度 c〔mol/L〕と質量パーセント濃度 x〔%〕の変換

$$c = 1000 \times d \times \frac{x}{100} \times \frac{1}{M}$$

c；モル濃度〔mol/L〕，
d；溶液の密度〔g/cm³〕，
x；質量パーセント濃度〔%〕，
M；モル質量〔g/mol〕

答　(1) **26.5%**　　(2) **44.8g**

検討　(1) NaCl 飽和水溶液は，水100g に対しては NaCl 36.0g が溶解しているので，

$$\frac{36.0}{100 + 36.0} \times 100 \fallingdotseq 26.5\,\%$$

(2) 10.0% の NaCl 水溶液200g 中に含まれている NaCl は，

$$200\text{g} \times \frac{10.0}{100} = 20.0\,\text{g}$$

よって水は，200g－20.0g＝180g

水180g に溶ける塩化ナトリウムは，

$$36.0\,\text{g} \times \frac{180}{100} = 64.8\,\text{g}$$

さらに溶ける塩化ナトリウムは，

$$64.8\,\text{g} - 20.0\,\text{g} = 44.8\,\text{g}$$

答　**76.8g**

検討　40℃の水100g に，硝酸カリウムは64.0g 溶けるので，その水溶液は，

$$100 + 64.0 = 164\,\text{g}$$

40℃の飽和水溶液164g を10℃まで冷却すると，析出する硝酸カリウムの質量は，

$$64.0 - 22.0 = 42.0\,\text{g}$$

飽和水溶液が300g のときに析出する結晶を x〔g〕とすると，

$$(100 + 64.0) : (64.0 - 22.0) = 300 : x$$

$$\therefore x \fallingdotseq 76.8\,\text{g}$$

テスト対策

●冷却による結晶の析出

飽和水溶液 w〔g〕を冷却したときに析出する結晶を x〔g〕とすると，

（100＋冷却前の溶解度）：（溶解度の差）＝w：x

答　**85g**

検討　水和物 $Na_2CO_3 \cdot 10H_2O$ 1mol に含まれる Na_2CO_3 は106g，水 H_2O は18g×10＝180g

必要な水を x〔g〕とすると，

$$(180 + x) : 106 = 100 : 40 \quad \therefore x = 85\,\text{g}$$

応用問題

本冊 p.37

答　**7.3%**

検討　溶液1L について考えると，溶液1000×1.1g 中に溶質（NaOH）が2.0×40g 溶けているので，質量パーセント濃度は，

$$\frac{2.0\times40}{1000\times1.1}\times100\fallingdotseq7.3\,\%$$

答 **0.28 mol/L**

検討 混合溶液中の塩化ナトリウムの物質量は，

$$0.10\times\frac{200}{1000}+0.40\times\frac{300}{1000}=0.14\,\text{mol}$$

溶液の体積は500 mL なので，モル濃度は，

$$0.14\times\frac{1000}{500}=0.28\,\text{mol/L}$$

答 (1) **17.9 mol/L**　(2) **0.36 mol**
(3) **2.8 mL**

検討 (1)硫酸の分子量は $H_2SO_4=98.0$ より，

$$1000\times1.83\times\frac{96.0}{100}\times\frac{1}{98.0}\fallingdotseq17.9\,\text{mol/L}$$

(2)17.9 mol/L の濃硫酸20 mL 中に含まれる H_2SO_4 の物質量は，

$$17.9\times\frac{20}{1000}\fallingdotseq0.36\,\text{mol}$$

(3)求める濃硫酸を x〔mL〕とすると，濃硫酸 x〔mL〕に含まれる H_2SO_4 の物質量と，0.10 mol/L 硫酸水溶液500 mL に含まれる H_2SO_4 の物質量は等しいから，

$$0.10\times\frac{500}{1000}=17.9\times\frac{x}{1000}$$

$$\therefore x\fallingdotseq2.8\,\text{mL}$$

答 **111 mL**

検討 希釈しても HCl の物質量は変わらないので，必要な30.0％塩酸を x〔mL〕とすると，HCl（分子量；36.5）の物質量について，次の方程式が成り立つ。

$$2.00\times\frac{500}{1000}=x\times1.10\times\frac{30.0}{100}\times\frac{1}{36.5}$$

$$\therefore x\fallingdotseq111\,\text{mL}$$

答 **29.2 g**

検討 60℃の塩化カリウム飽和水溶液(100＋46.0) g を20℃まで冷却したとき，析出する塩化カリウムの結晶は，

$$46.0\,\text{g}-32.0\,\text{g}=14.0\,\text{g}$$

はじめにあった塩化カリウム飽和水溶液を x〔g〕とすると，

$$(100+46.0):14.0=x:2.80$$

$$\therefore x=29.2\,\text{g}$$

答 **25 g**

検討 飽和水溶液100 g に溶けている $CuSO_4$ は，

$$100\times\frac{40}{100+40}\fallingdotseq28.6\,\text{g}$$

析出する $CuSO_4\cdot5H_2O$ を x〔g〕とすると，無水物，水和物それぞれの式量は，$CuSO_4=160$，$CuSO_4\cdot5H_2O=250$ より，

$$(100-x):\left(28.6-\frac{160}{250}x\right)=(100+20):20$$

$$\therefore x\fallingdotseq25\,\text{g}$$

テスト対策

●水和水を含む結晶の析出

飽和水溶液 w〔g〕を冷却したときに析出する結晶を x〔g〕とすると，

$(w-x)$：冷却後の溶液中の無水物の質量＝(100＋冷却後の溶解度)：冷却後の溶解度

10 化学反応式と量的関係

基本問題 本冊 *p.39*

105

答 (1) $\mathbf{1}C_2H_4+\mathbf{3}O_2\longrightarrow\mathbf{2}CO_2+\mathbf{2}H_2O$
(2) $\mathbf{1}C_2H_6O+\mathbf{3}O_2\longrightarrow\mathbf{2}CO_2+\mathbf{3}H_2O$
(3) $\mathbf{1}Zn+\mathbf{2}HCl\longrightarrow\mathbf{1}ZnCl_2+\mathbf{1}H_2$
(4) $\mathbf{2}Na+\mathbf{2}H_2O\longrightarrow\mathbf{2}NaOH+\mathbf{1}H_2$
(5) $\mathbf{2}Al+\mathbf{3}H_2SO_4\longrightarrow\mathbf{1}Al_2(SO_4)_3+\mathbf{3}H_2$
(6) $\mathbf{1}Cu+\mathbf{2}H_2SO_4$
$\longrightarrow\mathbf{1}CuSO_4+\mathbf{1}SO_2+\mathbf{2}H_2O$

検討 (1)最も複雑な C_2H_4 の係数を1とおき，C，H，O の順で数を合わせる。
(2)最も複雑な C_2H_6O の係数を1とおき，C，H を合わせ，最後に O を合わせる。

$1C_2H_6O + (\quad)O_2 \longrightarrow 2CO_2 + 3H_2O$

右辺でOの数は，$2CO_2$と$3H_2O$とによる計7個。左辺には，$1C_2H_6O$の1個のOがあるので，O_2の係数は3（Oは6個）。

(3) $ZnCl_2$の係数を1とおく。

(4) NaOHを1とおき，Na，Oを合わせ，最後に，Hを合わせる。

$1Na + 1H_2O \longrightarrow 1NaOH + (\quad)H_2$

左辺のHの数は，2個。右辺には1NaOHの1個のHがあるので，H_2の係数は$\frac{1}{2}$。

$1Na + 1H_2O \longrightarrow 1NaOH + \frac{1}{2}H_2$

両辺を2倍して，

$2Na + 2H_2O \longrightarrow 2NaOH + 1H_2$

(5) $Al_2(SO_4)_3$の係数を1とおき，Al，S，Oを合わせ，最後にHを合わせる。

(6) $CuSO_4$を1とおくと，Cuの係数は1となるが，それ以上進まなくなるので，新たな仮定を置く。Hは両辺で1か所ずつしか登場しないので，H_2SO_4とH_2Oの係数は同じaとおける。残りのSO_2の係数をbとおくと，

$1Cu + a\,H_2SO_4$
$\longrightarrow 1CuSO_4 + b\,SO_2 + a\,H_2O$

両辺で各元素の原子の数は等しいので，

Sについて；$a = 1 + b$ …①

Oについて；$4a = 4 + 2b + a$ …②

①，②を連立して解くと，$a = 2$，$b = 1$

106

答　(1) $\mathbf{1}Pb^{2+} + \mathbf{2}Cl^- \longrightarrow \mathbf{1}PbCl_2$

(2) $\mathbf{1}Al^{3+} + \mathbf{3}OH^- \longrightarrow \mathbf{1}Al(OH)_3$

(3) $\mathbf{1}FeS + \mathbf{2}H^+ \longrightarrow \mathbf{1}Fe^{2+} + \mathbf{1}H_2S$

(4) $\mathbf{3}Ca^{2+} + \mathbf{2}PO_4^{3-} \longrightarrow \mathbf{1}Ca_3(PO_4)_2$

検討　イオン反応式では，左辺と右辺の各元素の原子数と電荷の和を互いに等しくする。

107

答　(1) $2C_2H_6 + 7O_2 \longrightarrow 4CO_2 + 6H_2O$

(2) $Zn + H_2SO_4 \longrightarrow ZnSO_4 + H_2$

(3) $2H_2O_2 \longrightarrow 2H_2O + O_2$

検討　(1)「燃焼」とあれば「$+O_2$」。

(3)酸化マンガン(Ⅳ)は触媒なので化学反応式には記さない。

テスト対策

●化学反応式のつくり方（目算法）

①反応物を左辺に，生成物を右辺に書き，両辺を ⟶ で結ぶ。

②最も複雑な化合物の係数を1とおき，各原子の数を両辺で等しくする。このとき，分数を使ってもよい。

③各係数を，最も簡単な整数比とする。

108

答　(1) $Ag^+ + Cl^- \longrightarrow AgCl$

(2) $Ba^{2+} + SO_4^{2-} \longrightarrow BaSO_4$

(3) $Fe^{2+} + 2OH^- \longrightarrow Fe(OH)_2$

検討　まず化学反応において，電離しているものは電離している状態で表す。変化していないものを省略するとイオン反応式になる。イオン反応式は，変化したもののみを表す。

109

答　(1) **36.5 g**　(2) **24.5 g**

検討　(1)炭酸カルシウムの式量は$CaCO_3 = 100$より，モル質量は100 g/mol。よって炭酸カルシウム10.0 gの物質量は，

$$\frac{10.0\,\text{g}}{100\,\text{g/mol}} = 0.100\,\text{mol}$$

炭酸カルシウムを塩酸に溶かす反応を化学反応式で表すと，

$CaCO_3 + 2HCl \longrightarrow CaCl_2 + H_2O + CO_2$

化学反応式より，$CaCO_3$ 1 molとHCl 2 molが反応することがわかる。塩化水素の分子量は$HCl = 36.5$なので，モル質量は36.5 g/molである。よって，塩酸の質量は，

$$0.100\,\text{mol} \times 2 \times 36.5\,\text{g/mol} \times \frac{100}{20.0} = 36.5\,\text{g}$$

(2)塩化ナトリウムの式量は$NaCl = 58.5$より，モル質量は58.5 g/mol。100 gの10.0 %は10.0 gであるから，塩化ナトリウムの物質量は，

$$\frac{10.0\,\text{g}}{58.5\,\text{g/mol}} = \frac{10.0}{58.5}\,\text{mol}$$

塩化銀の沈殿を生じる反応式は，

$Ag^+ + Cl^- \longrightarrow AgCl\downarrow$

反応式より，NaCl と AgCl の物質量は等しく，塩化銀の式量は AgCl＝143.5より，モル質量は143.5 g/mol。よって，沈殿の質量は，

$\dfrac{10.0}{58.5}\text{mol}\times 143.5\,\text{g/mol} \fallingdotseq 24.5\,\text{g}$

110

答 (1) **18 g**　(2) **4.5 g**　(3) **2.8 L**

検討 $2H_2 + O_2 \longrightarrow 2H_2O$

化学反応式の係数比より，物質量比が
$H_2 : O_2 : H_2O = 2:1:2$　で反応することがわかる。

(1)水素の分子量は H_2＝2.0より，モル質量は2.0 g/mol。H_2 2.0 g は$\dfrac{2.0}{2.0}=1.0\,\text{mol}$で，反応の物質量比より生成する H_2O も1.0 mol。
H_2O(分子量；18.0)の質量は，

$1.0\times 18.0 = 18\,\text{g}$

(2)標準状態における H_2 5.6 L の物質量は，

$\dfrac{5.6}{22.4}=0.25\,\text{mol}$

これより，生成する H_2O の物質量も0.25 mol であり，その質量は，$0.25\times 18.0 = 4.5\,\text{g}$

(3) H_2O 4.5 g の物質量は，$\dfrac{4.5}{18.0}=0.25\,\text{mol}$ で，O_2 の物質量を x〔mol〕とすると，

$O_2 : H_2O = 1:2 = x:0.25$　∴ $x=0.125\,\text{mol}$

よって，求める O_2 の体積は，

$0.125\times 22.4 = 2.8\,\text{L}$

111

答 (1) $2CO + O_2 \longrightarrow 2CO_2$　(2) **15 L**

検討 (2)同温・同圧における気体の体積比は，物質量比に等しいことから，燃焼前と燃焼後のそれぞれの体積は次のようになる。

	$2CO$	+ O_2	$\longrightarrow$ $2CO_2$	
燃焼前	10 L	10 L		
反応量	10 L	5 L	10 L	
燃焼後	0 L	+ 5 L	+ 10 L	＝15 L

112

答 (1) $2CH_4O + 3O_2 \longrightarrow 2CO_2 + 4H_2O$
(2) **a；3.6 g　b；2.2 L**　(3) **12 L**

検討 (1)最も複雑な CH_4O の係数を1とおき，C，H，O の順で数を合わせる。

(2)メタノールの分子量は CH_4O＝32より，モル質量は32 g/mol。
メタノール3.2 g の物質量は，

$\dfrac{3.2\,\text{g}}{32\,\text{g/mol}}=0.10\,\text{mol}$

a；(1)の化学反応式の係数より，

$CH_4O : H_2O = 2:4$

水の分子量は H_2O＝18より，モル質量は18 g/mol。生じた H_2O の質量は，

$0.10\,\text{mol}\times\dfrac{4}{2}\times 18\,\text{g/mol}=3.6\,\text{g}$

b；(1)の化学反応式の係数比より，反応する CH_4O と生成する CO_2 の物質量は等しい。
生じた CO_2 の体積は，

$0.10\,\text{mol}\times 22.4\,\text{L/mol}=2.24\,\text{L}\fallingdotseq 2.2\,\text{L}$

(3)化学反応式の係数より，

$CO_2 : O_2 = 2:3$

同温・同圧における気体の体積比は係数比に等しいから，反応した O_2 の体積は，

$8.0\,\text{L}\times\dfrac{3}{2}=12\,\text{L}$

テスト対策

●化学反応式と量的関係
係数比＝物質量(mol)比
＝気体の体積比(同温・同圧)

113

答 **8.5 g**

検討 $2H_2O_2 \longrightarrow 2H_2O + O_2$

酸化マンガン(Ⅳ)は触媒なので，化学反応式には書かない。標準状態における2.8 L の O_2 の物質量は，$\dfrac{2.8}{22.4}=0.125\,\text{mol}$ で，反応した H_2O_2 の物質量は，化学反応式の係数より，

$0.125\times 2 = 0.25\,\text{mol}$

H_2O_2(分子量；34.0)の質量は，

$0.25 \times 34.0 = 8.5\,g$

応用問題 本冊 p.41

答　(1) 2　(2) 10

検討　(1) $KMnO_4$ の係数を1として，K，Mn，O，H，Cl の順で数を合わせると，化学反応式は次のようになる。

$2KMnO_4 + 16HCl$
$\longrightarrow 2MnCl_2 + 2KCl + 8H_2O + 5Cl_2$

(2) $Ca_3(PO_4)_2$ の係数を1として，Ca，P，Si，O，C の順で数を合わせると，化学反応式は次のようになる。

$2Ca_3(PO_4)_2 + 6SiO_2 + 10C$
$\longrightarrow 6CaSiO_3 + 10CO + P_4$

答　(1) $3Cu + 8HNO_3$
$\longrightarrow 3Cu(NO_3)_2 + 4H_2O + 2NO$

(2) $4NH_3 + 5O_2 \longrightarrow 4NO + 6H_2O$

(3) $MnO_2 + 4HCl$
$\longrightarrow MnCl_2 + Cl_2 + 2H_2O$

検討　(1)複雑な化学反応式の係数を決めるときには，未定係数法を用いると便利である。
係数を次のようにおく。

$a\,Cu + b\,HNO_3$
$\longrightarrow c\,NO + d\,Cu(NO_3)_2 + e\,H_2O$

各原子の数について方程式を立てると，

Cu；$a = d$ …①
H；$b = 2e$ …②
N；$b = c + 2d$ …③
O；$3b = c + 6d + e$ …④

$b = 1$(最も多く出てくる)とおき，連立方程式を解くと，

$a = \frac{3}{8}$，$b = 1$，$c = \frac{1}{4}$，$d = \frac{3}{8}$，$e = \frac{1}{2}$

最も簡単な整数比にすると，

$3Cu + 8HNO_3$
$\longrightarrow 2NO + 3Cu(NO_3)_2 + 4H_2O$

(2) NH_3 の係数を1として，N，H，O の順で数を合わせる。

(3) MnO_2 の係数を1として，Mn，O，H，Cl の順で数を合わせる。

答　4.5 L

検討　$MnO_2 + 4HCl \longrightarrow MnCl_2 + 2H_2O + Cl_2$

HCl(分子量；36.5)の物質量は，

$100 \times 1.17 \times \frac{30}{100} \times \frac{1}{36.5} \fallingdotseq 0.96\,mol$

MnO_2(式量；87)の物質量は，

$\frac{17.4}{87} = 0.20\,mol$

化学反応式より，MnO_2 と HCl は，物質量比1：4で反応するので，この問題では，HCl が過剰に存在し(0.80 mol が反応して，0.16 mol が残る)，実際には，MnO_2 0.20 mol が反応し，Cl_2 0.20 mol が発生する。

したがって，発生する Cl_2 の体積は，

$0.20 \times 22.4 = 4.48\,L \fallingdotseq 4.5\,L$

答　0.500 mol/L

検討　$CaCl_2 + H_2SO_4 \longrightarrow CaSO_4 + 2HCl$

$CaSO_4$(式量；136) 1.36 g の物質量は，

$\frac{1.36}{136} = 0.0100\,mol$

化学反応式の係数より，反応した $CaCl_2$ の物質量も0.0100 mol。したがって，モル濃度を y〔mol/L〕とすると，

$y \times \frac{20.0}{1000} = 0.0100 \quad \therefore y = 0.500\,mol/L$

答　36 mL

検討　$3O_2 \longrightarrow 2O_3$

反応した O_2 を x〔mL〕とすると，同温・同圧においては係数比＝体積比が成り立つので，O_3 は $\frac{2}{3}x$〔mL〕生成する。

よって，次の関係式が成り立つ。

$x - \frac{2}{3}x = 900 - 888 \quad \therefore x = 36\,mL$

答　ア

検討　同温・同圧下における気体の体積比は，化学反応式の係数の比であるので，化学反応式は，次のようになる。

$$3A + B \longrightarrow 2C$$

質量保存の法則より，$3M_A$〔g〕のAから$3M_A + M_B$〔g〕のCが生成するので，4gのAから生成するCをx〔g〕とすると，

$$3M_A : 3M_A + M_B = 4 : x$$

$$\therefore x = \frac{12M_A + 4M_B}{3M_A}〔g〕$$

答　(1) **メタノール；0.060 mol，エタノール；0.030 mol**　(2) **0.180 mol**

検討　(1)各1 molが燃焼したときの反応式は，次のようになる。

$$CH_3OH + \frac{3}{2}O_2 \longrightarrow CO_2 + 2H_2O$$

$$C_2H_5OH + 3O_2 \longrightarrow 2CO_2 + 3H_2O$$

最初にあったメタノールをx〔mol〕，エタノールをy〔mol〕とすると，上の反応式より，CO_2は$x+2y$〔mol〕，H_2Oは$2x+3y$〔mol〕生成する。よって，

$$\begin{cases} CO_2(分子量;44.0);(x+2y)\times 44.0 = 5.28 \\ H_2O(分子量;18.0);(2x+3y)\times 18.0 = 3.78 \end{cases}$$

$\therefore x = 0.060\,mol \quad y = 0.030\,mol$

(2)化学反応式の係数より，消費されたO_2の物質量は　$\frac{3}{2}x + 3y$〔mol〕なので，

$$\frac{3}{2}\times 0.060 + 3\times 0.030 = 0.180\,mol$$

答　**53 %または54 %**

検討　混合物1.00 g中のLiClをx〔g〕，NaClをy〔g〕とすると，

$$x + y = 1.00 \quad \cdots \text{i}$$

混合物に硝酸銀水溶液を加えたときの化学反応式は，次のようになる。

$$LiCl + AgNO_3 \longrightarrow AgCl\downarrow + LiNO_3$$

$$NaCl + AgNO_3 \longrightarrow AgCl\downarrow + NaNO_3$$

塩化リチウム，塩化ナトリウム，塩化銀それぞれの式量は，LiCl = 42.4，NaCl = 58.5，AgCl = 143.5より，

$$143.5\times\frac{x}{42.4} + 143.5\times\frac{y}{58.5} = 2.95 \cdots \text{ii}$$

i式とii式より，$x \fallingdotseq 0.53\,g$

よって，$\frac{0.53}{1.00}\times 100 = 53\,\%$

答　$x = 8$，$y = 7$

検討　一酸化炭素，酸素の分子量はそれぞれ，$CO = 28$，$O_2 = 32$

$$\frac{\frac{28x}{22.4}+\frac{32y}{22.4}}{x+y} = \frac{4}{3} \qquad \therefore \frac{x}{y} = \frac{8}{7}\cdots \text{i}$$

また，反応前と反応後のそれぞれの物質の体積は次のようになる。

	$2CO$	$+ O_2$	$\longrightarrow 2CO_2$
反応前	x	y	（単位Lを省略）
反応量	x	$\frac{x}{2}$	x
反応後	0	$y-\frac{x}{2}$	x

よって，　$y - \frac{x}{2} + x = 11 \cdots \text{ii}$

i式とii式より，$x = 8$，$y = 7$

11　酸と塩基

基本問題　本冊 p.43

123

答　ア；受け取ったまたは得た　イ；塩基
ウ；与えたまたは放出した　エ；酸
オ；水酸化物イオンまたは OH^-　カ；塩基

テスト対策

●**ブレンステッド・ローリーの定義**

反応において H^+ を $\begin{cases}\text{与える} \Rightarrow \text{酸} \\ \text{受け取る} \Rightarrow \text{塩基}\end{cases}$

124

答　① ⓓ　② ⓔ　③ ⓐ　④ ⓒ　⑤ ⓖ　⑥ ⓐ　⑦ ⓑ　⑧ ⓒ

検討　酸・塩基の強弱と価数は関係がない。

① NH_3 は水分子と反応して，次のように1分子から OH^- を1個出すので，1価の塩基。

$$NH_3 + H_2O \rightleftarrows NH_4^+ + OH^-$$

⑦ CH_3COOH は，分子中に4個のH原子をもつが，COOHのHのみが電離するので，1価の酸である。

$$CH_3COOH \rightleftarrows CH_3COO^- + H^+$$

テスト対策

- **酸・塩基の強弱と価数は関係がない。**
- **3つの強酸** ⇨ HCl，HNO_3，H_2SO_4
  4つの強塩基 ⇨ NaOH，KOH，$Ca(OH)_2$，$Ba(OH)_2$

125

答　オ

検討　ア；酸・塩基の強弱と価数は関係がない。H_2S はHClより弱い酸。

イ；HClや H_2S は，酸素を含まない酸。

ウ；メタノール CH_3OH は，塩基ではない。

エ；水と反応して OH^- を出すので塩基。

オ；正しい。

126

答　1.3×10^{-2}

検討　$\text{電離度} = \dfrac{\text{電離した塩基の物質量}}{\text{溶かした塩基の物質量}} = \dfrac{\text{電離した塩基のモル濃度}}{\text{溶かした塩基のモル濃度}}$

溶かした塩基のモル濃度 $= 0.10\,\text{mol/L}$

電離した塩基のモル濃度 $= 1.3 \times 10^{-3}\,\text{mol/L}$

よって，$\text{電離度} = \dfrac{1.3 \times 10^{-3}}{0.10} = 1.3 \times 10^{-2}$

応用問題 •••••••••••••••••••••

本冊 *p.45*

127

答　(1) 塩基　(2) 塩基　(3) 塩基　(4) 酸

検討　(1) $H_2O \longrightarrow H_3O^+$ より，H^+ を受け取っているから塩基。

(2) $Na_2CO_3 \longrightarrow NaHCO_3$ より，H^+ を受け取っているから塩基。

(3) $CH_3COONa \longrightarrow CH_3COOH$ より，H^+ を受け取っているから塩基。

(4) $H_2O \longrightarrow OH^-(NaOH)$ より，H^+ を与えているから酸。

128

答　エ

検討　エ；一般に，**電離度は濃度が小さくなると大きくなる。**よって，1価の弱酸の濃度を $\frac{1}{2}$ にすると，電離度は大きくなるので，水素イオン濃度は $\frac{1}{2}$ よりも大きくなる。

129

答　(1) 5.0×10^{-3}，弱酸　(2) 6.0×10^{-3}

検討　(1) $\text{電離度} = \dfrac{\text{電離した酸の物質量}}{\text{溶かした酸の物質量}}$

$$\frac{0.0010}{0.20} = 5.0 \times 10^{-3}$$

電離度が1である，強酸のHClに比べるとはるかに電離度が小さいので，この酸は弱酸。

(2) 酢酸の分子量は $CH_3COOH = 60.0$ より，モル質量は60.0 g/mol。酢酸15.0 gの物質量は

$$\frac{15.0\,\text{g}}{60.0\,\text{g/mol}} = 0.250\,\text{mol}$$

モル濃度を求めると，

$$0.250 \times \frac{1000}{500} = 0.500\,\text{mol/L}$$

$\text{電離度} = \dfrac{\text{電離した酸のモル濃度}}{\text{溶かした酸のモル濃度}}$ より，

$$\frac{3.0 \times 10^{-3}}{0.500} = 6.0 \times 10^{-3}$$

130

答　(1) $2.0 \times 10^{-3}\,\text{mol/L}$　(2) 1.2×10^{18} 個　(3) 99倍

検討　(1) アンモニア水のモル濃度は，

$$\frac{2.24}{22.4} \times \frac{1000}{500} = 0.200\,\text{mol/L}$$

電離度 1.0×10^{-2} より，OH^- のモル濃度は，

$$0.200 \times 1.0 \times 10^{-2} = 2.0 \times 10^{-3}\,\text{mol/L}$$

(2)アンモニア水1.0 mL に含まれる OH^- の物質量は,

$$2.0\times10^{-3}\times\frac{1.0}{1000}=2.0\times10^{-6}\,\mathrm{mol}$$

よって，求める OH^- の個数は,

$$2.0\times10^{-6}\times6.0\times10^{23}=1.2\times10^{18}$$

(3) $\dfrac{0.200(1.0-1.0\times10^{-2})}{2.0\times10^{-3}}=99$ 倍

12 酸と塩基の反応

基本問題 ……………………… 本冊 *p.47*

答　(1) $2HCl + Ca(OH)_2 \longrightarrow CaCl_2 + 2H_2O$

(2) $H_2SO_4 + 2NaOH \longrightarrow Na_2SO_4 + 2H_2O$

(3) $H_2SO_4 + Ba(OH)_2 \longrightarrow BaSO_4 + 2H_2O$

(4) $2H_3PO_4 + 3Ca(OH)_2 \longrightarrow Ca_3(PO_4)_2 + 6H_2O$

検討　中和反応は，酸の H^+ と塩基の OH^- から H_2O が生成し，同時に塩が生成する反応である。中和反応における H^+, OH^-, H_2O の物質量の割合は，$H^+ : OH^- : H_2O = 1:1:1$

答　(1) **0.4 mol**　(2) **0.4 mol**　(3) **0.3 mol**

検討　(1)硫酸は2価の酸，水酸化ナトリウムは1価の塩基だから,

$$2\times0.2=1\times n\qquad\therefore\ n=0.4\,\mathrm{mol}$$

(2)水酸化カルシウムは2価の塩基だから,

$$2\times0.4=2\times n\qquad\therefore\ n=0.4\,\mathrm{mol}$$

(3)酢酸は1価の酸だから,

$$1\times0.6=2\times n\qquad\therefore\ n=0.3\,\mathrm{mol}$$

テスト対策

●中和の量的関係①

「酸の H^+ の物質量＝塩基の OH^- の物質量」

⇨(酸の価数)×(酸の物質量)
＝(塩基の価数)×(塩基の物質量)

答　(1) **0.020 mol**　(2) **0.16 mol**　(3) **0.10 mol**

検討　(1)塩化水素は1価の酸であるから,

$$1\times0.10\times\frac{200}{1000}=0.020\,\mathrm{mol}$$

(2)水酸化カルシウムは2価の塩基であるから,

$$2\times0.20\times\frac{400}{1000}=0.16\,\mathrm{mol}$$

(3)水酸化カルシウムの式量は，$Ca(OH)_2=74$ で，2価の塩基であるから,

$$2\times\frac{3.7}{74}=0.10\,\mathrm{mol}$$

答　(1) **50 mL**　(2) **0.020 mol/L**

検討　(1)必要量を x〔mL〕とすると，硫酸は2価の酸，水酸化ナトリウムは1価の塩基であるから，中和の条件より,

$$2\times0.050\times\frac{40.0}{1000}=1\times0.080\times\frac{x}{1000}$$
$$\therefore\ x=50\,\mathrm{mL}$$

(2)求める濃度を y〔mol/L〕とすると，硫酸は2価の酸，水酸化カルシウムは2価の塩基であるから,

$$2\times0.025\times\frac{10.0}{1000}=2\times y\times\frac{12.5}{1000}$$
$$\therefore\ y=0.020\,\mathrm{mol/L}$$

テスト対策

●中和の量的関係②

「酸の H^+ の物質量＝塩基の OH^- の物質量」

c〔mol/L〕, a 価の酸の溶液 V〔L〕
c'〔mol/L〕, b 価の塩基の溶液 V'〔L〕

⇨ $acV=bc'V'$

答　**40 mL**

検討　シュウ酸二水和物の結晶 $(COOH)_2\cdot2H_2O$ の分子量は126.0，シュウ酸は2価の酸であるから，求める水酸化ナトリウム水溶液の体積を x〔mL〕とすると，中和の条件より,

$$2\times\frac{1.26}{126.0}=1\times0.50\times\frac{x}{1000}$$

$$\therefore x=40\,\text{mL}$$

テスト対策

●**中和の量的関係③**

「酸のH^+の物質量＝塩基のOH^-の物質量」

モル質量M〔g/mol〕，a価の酸(塩基)の固体w〔g〕と，c〔mol/L〕，b価の塩基(酸)の溶液V〔L〕が中和

$$\boldsymbol{a\times\frac{w}{M}=b\times c\times V}$$

答 (1) **溶液A**；ホールピペット，**溶液B**；ビュレット　(2) ④　(3) **0.082 mol/L**

検討 (1)溶液10.0 mLを正確にはかりとる器具はホールピペット，溶液の滴下した体積を測定する器具はビュレットである。

(2)ガラス器具は熱により変形してしまうため，ビュレットのように正確な体積をはかるための器具は加熱乾燥してはいけない。また，ビュレットやホールピペットは，純水で洗ったまま使用すると，ぬれている純水により試料溶液の濃度がうすまってしまう。したがって，数回試料溶液で洗った後(これを**共洗い**という)，実験する。ただし，共洗い後に乾燥させると，試料溶液中の溶質が内壁に残り，使用時の濃度が濃くなってしまう恐れがあるため，共洗い後は直ちに使用する。

(3)酢酸水溶液の濃度をx〔mol/L〕とすると，酸・塩基とも1価なので，中和の条件より，

$$1\times x\times\frac{10.0}{1000}=1\times0.10\times\frac{8.20}{1000}$$

$$\therefore x=0.082\,\text{mol/L}$$

応用問題

本冊 *p.49*

答 **14 mL**

検討 求める水酸化ナトリウム水溶液の体積をx〔mL〕とすると，酢酸は1価の酸，硫酸は2価の酸，水酸化ナトリウムは1価の塩基であり，水酸化ナトリウムの式量は$NaOH=40.0$であるから，中和の条件より，

$$1\times0.10\times\frac{50.0}{1000}+2\times0.12\times\frac{50.0}{1000}$$

$$=1\times x\times1.0\times\frac{5.0}{100}\times\frac{1}{40.0}$$

$$\therefore x=13.6\,\text{mL}\fallingdotseq14\,\text{mL}$$

答 (1) **9.0×10^{-3} mol**　(2) **0.37 g**

検討 (1)求める硫酸をx〔mol〕とすると，硫酸は2価の酸，水酸化ナトリウムは1価の塩基であるから，中和の条件より，

$$2\times x=1\times0.50\times\frac{36.0}{1000}$$

$$\therefore x=9.0\times10^{-3}\,\text{mol}$$

(2)吸収されたアンモニアをy〔g〕とすると，アンモニアの分子量は$NH_3=17.0$であり，1価の塩基であるから，(1)で求めた値を用いて，中和の条件より，

$$2\times1.0\times\frac{20.0}{1000}=1\times\frac{y}{17.0}+2\times9.0\times10^{-3}$$

$$\therefore y=0.374\,\text{g}\fallingdotseq0.37\,\text{g}$$

答 **1.50×10^2**

検討 2価の酸のモル質量をM〔g/mol〕とすると，水酸化ナトリウムは1価の塩基なので，中和の条件より，

$$2\times\frac{0.300}{M}=1\times0.100\times\frac{40.0}{1000}$$

$$\therefore M=150\,\text{g/mol}$$

答 **4.20 %**

検討 10倍に希釈した後の食酢のモル濃度をx〔mol/L〕とすると，酢酸は1価の酸，水酸化ナトリウムは1価の塩基だから，中和の条件より，

$$1\times x\times\frac{10.0}{1000}=1\times0.100\times\frac{7.00}{1000}$$

$$\therefore x=0.0700\,\text{mol/L}$$

よって，食酢原液の濃度は，0.700 mol/L。

食酢の質量パーセント濃度をy〔%〕とし，食

酢1L中の酢酸の物質量で方程式を立てると，

$$1000\,\mathrm{cm^3}\times1.00\,\mathrm{g/cm^3}\times\frac{y}{100}\times\frac{1}{60.0\,\mathrm{g/mol}}$$

$=0.700\,\mathrm{mol}$　　$\therefore y=4.20\,\%$

141

答　(1) **a**；エ，**b**；サ，**c**；イ，**d**；ウ，**e**；カ，**f**；チ，**g**；キ　(2) **d**；ウ，**e**；ア

検討　(1) **a**；秤量びんは，物質の質量を密閉状態で測定できる容器で，特に吸湿性の固体の測定に適している。

e；溶液の滴下や振り混ぜる操作により中の液体が飛び出しにくいように，容器の口がせまくなったコニカルビーカーや三角フラスコを用いる。ビーカーは適さない。

(2) **d** のホールピペットは，内部が水でぬれていると，その水でシュウ酸水溶液がうすまってしまう。したがって，シュウ酸水溶液であらかじめ洗って使用する。**e** のコニカルビーカーは，内部が水でぬれていても，そこに流し出したシュウ酸の物質量は変わらないから，ぬれたまま使用可能。

13 水素イオン濃度とpH

基本問題 本冊 *p.52*

142

答　ア；H^+　イ；OH^-（ア，イは順不同）

ウ；水素イオン　エ；水酸化物イオン

オ；1.0×10^{-7}

検討　純粋な水もごくわずかに分子が電離しており，その濃度は25℃で，$[H^+]=[OH^-]=1.0\times10^{-7}\,\mathrm{mol/L}$ である。塩化ナトリウム水溶液などの中性の水溶液中ではこれらの濃度は変わらないが，酸を溶かした酸性溶液では$[H^+]$が増加する。このとき，$[H^+]$と$[OH^-]$は反比例の関係にあり，$[H^+]$が増加すると$[OH^-]$は減少する。

143

答　(1) $[H^+]=0.10\,\mathrm{mol/L}$，

$[OH^-]=1.0\times10^{-13}\,\mathrm{mol/L}$

(2) $[H^+]=1.0\times10^{-3}\,\mathrm{mol/L}$，

$[OH^-]=1.0\times10^{-11}\,\mathrm{mol/L}$

(3) $[H^+]=1.0\times10^{-13}\,\mathrm{mol/L}$，

$[OH^-]=0.10\,\mathrm{mol/L}$

(4) $[H^+]=1.0\times10^{-11}\,\mathrm{mol/L}$，

$[OH^-]=1.0\times10^{-3}\,\mathrm{mol/L}$

検討　(1)塩化水素は1価の強酸で，電離度が1であるから，

$[H^+]=0.10\,\mathrm{mol/L}=1.0\times10^{-1}\,\mathrm{mol/L}$

$[H^+]$と$[OH^-]$の関係図より，

$[OH^-]=1.0\times10^{-13}\,\mathrm{mol/L}$

(2)$[H^+]=0.050\times0.020=1.0\times10^{-3}\,\mathrm{mol/L}$

関係図より，$[OH^-]=1.0\times10^{-11}\,\mathrm{mol/L}$

(3)水酸化ナトリウムは1価の強塩基で，電離度が1であるから，

$[OH^-]=0.10\,\mathrm{mol/L}=1.0\times10^{-1}\,\mathrm{mol/L}$

関係図より，$[H^+]=1.0\times10^{-13}\,\mathrm{mol/L}$

(4)$[OH^-]=0.10\times0.010=1.0\times10^{-3}\,\mathrm{mol/L}$

関係図より，$[H^+]=1.0\times10^{-11}\,\mathrm{mol/L}$

［別解］$[H^+]$と$[OH^-]$の関係図の代わりに，水のイオン積

$K_w=[H^+][OH^-]=1.0\times10^{-14}(\mathrm{mol/L})^2$

を利用して，$[H^+]$から$[OH^-]$を，$[OH^-]$から$[H^+]$をそれぞれ求めることができる。

(1)$[OH^-]=\dfrac{1.0\times10^{-14}}{0.10}=1.0\times10^{-13}\,\mathrm{mol/L}$

(2)$[OH^-]=\dfrac{1.0\times10^{-14}}{1.0\times10^{-3}}=1.0\times10^{-11}\,\mathrm{mol/L}$

(3)$[H^+]=\dfrac{1.0\times10^{-14}}{0.10}=1.0\times10^{-13}\,\mathrm{mol/L}$

(4)$[H^+]=\dfrac{1.0\times10^{-14}}{1.0\times10^{-3}}=1.0\times10^{-11}\,\mathrm{mol/L}$

144

答　ア；1.0×10^{-10}　イ；4　ウ；酸

エ；1.0×10^{-5}　オ；9　カ；塩基

キ；1.0×10^{-7}　ク；7　ケ；中

検討　$[H^+]$と$[OH^-]$の関係図，または，水のイオン積

$K_w=[H^+][OH^-]=1.0\times10^{-14}(\mathrm{mol/L})^2$

より，$[OH^-]$を求めることができる。

テスト対策

●pH

$[H^+]=1.0\times10^{-n}$ mol/L のとき **pH=*n***

●水溶液の性質とpH・水素イオン濃度$[H^+]$

- **酸性** ⇨ pH<7, $[H^+]>1.0\times10^{-7}$ mol/L
- **中性** ⇨ pH=7, $[H^+]=1.0\times10^{-7}$ mol/L
- **塩基性** ⇨ pH>7, $[H^+]<1.0\times10^{-7}$ mol/L

145

答　エ

検討　水素イオン濃度$[H^+]$が大きいほど，pHは小さな値をとる。最も$[H^+]$が大きいのは，0.100 mol/L 希塩酸（1価の強酸）で，次が0.100 mol/L 酢酸水溶液（1価の弱酸）である。塩基の場合には，$[H^+]$と$[OH^-]$とが反比例の関係にあり，$[OH^-]$が大きいときには，$[H^+]$が小さくなり，pHは大きくなる。0.100 mol/L アンモニア水（1価の弱塩基）の$[OH^-]$は，0.100 mol/L 水酸化カリウム水溶液（1価の強塩基）の$[OH^-]$よりも小さいので，0.100 mol/L アンモニア水の$[H^+]$は，0.100 mol/L 水酸化カリウム水溶液の$[H^+]$よりも大きい。したがって，$[H^+]$の大きさの順は，希塩酸＞酢酸水溶液＞アンモニア水＞水酸化カリウム水溶液となり，pHの順はこの逆になる。

146

答　(1) **1**　(2) **3**　(3) **4**　(4) **12**　(5) **11**

検討　(1)塩化水素は1価の強酸で，電離度が1であるから，

$[H^+]=0.10$ mol/L $=1.0\times10^{-1}$ mol/L

よって，pH=1

(2)$[H^+]=0.10\times\dfrac{1.0}{100}=1.0\times10^{-3}$ mol/L

よって，pH=3

(3)$[H^+]=0.010\times0.010=1.0\times10^{-4}$ mol/L

よって，pH=4

(4)水酸化ナトリウムは1価の強塩基で，電離度が1であるから，

$[OH^-]=0.010$ mol/L $=1.0\times10^{-2}$ mol/L

$[H^+]$と$[OH^-]$の関係図より，

$[H^+]=1.0\times10^{-12}$ mol/L

よって，pH=12

(5)$[OH^-]=0.050\times0.020=1.0\times10^{-3}$ mol/L

$[H^+]$と$[OH^-]$の関係図より，

$[H^+]=1.0\times10^{-11}$ mol/L

よって，pH=11

テスト対策

●**pHの求め方**；次の①～③による。

① $[H^+]=$（**1価の酸のモル濃度**）×（**電離度**）
　$[OH^-]=$（**1価の塩基のモル濃度**）×（**電離度**）

②$[OH^-]$から$[H^+]$を導くには，$[H^+]$と$[OH^-]$の関係図，または，**水のイオン積** K_w を利用する。

$K_w=[H^+][OH^-]=1.0\times10^{-14}(\text{mol/L})^2$

③$[H^+]=\mathbf{1.0\times10^{-n}}$ **mol/L** ⇨ **pH = *n***

147

答　(1) $\mathbf{1.7\times10^{-3}}$　(2) $\mathbf{2.5\times10^{-2}}$

検討　(1) pH=2より，

$[H^+]=1.0\times10^{-2}$ mol/L

電離度を α とすると，酢酸は1価の酸なので，

$1.0\times10^{-2}=6.0\alpha$　　$\therefore \alpha\fallingdotseq1.7\times10^{-3}$

(2) pH=11より，$[H^+]=1.0\times10^{-11}$ mol/L

$[H^+]$と$[OH^-]$の関係図より，

$[OH^-]=1.0\times10^{-3}$ mol/L

電離度を α とすると，アンモニアは1価の塩基なので，

$1.0\times10^{-3}=0.040\alpha$　　$\therefore \alpha=2.5\times10^{-2}$

148

答　(1) $x=10$，$y=20$　(2) **A**；エ，**B**；イ

検討　(1) x；**A** 点までの反応は，

$Na_2CO_3 + HCl \longrightarrow NaHCO_3 + NaCl$ … i

反応した Na_2CO_3 と HCl の物質量は等しい。炭酸ナトリウム水溶液と塩酸の濃度が等しいので，その体積も等しく10 mLである。よっ

て，x は10である。

y；ⅰ式より，生成した $NaHCO_3$ と，反応した Na_2CO_3 および HCl の物質量は互いに等しい。**A** 点から **B** 点までの反応は，

$NaHCO_3 + HCl \longrightarrow NaCl + CO_2 + H_2O$ … ⅱ

よって，ⅱ式で反応した HCl は，ⅰ式で反応した HCl と物質量が互いに等しい。したがって，**A** 点から **B** 点まで加えた塩酸は 10 mL であり，10 mL + 10 mL = 20 mL より，y は20である。

(2) **A** 点は塩基性なので，変色域が塩基性であるフェノールフタレイン，**B** 点は酸性なので，変色域が酸性であるメチルオレンジを用いる。リトマスは，酸性では赤色，塩基性では青色に変化する指示薬だが，変色域が広く中和滴定における中和点の判別には適さない。ブロモチモールブルーは酸性で黄色，中性で緑色，塩基性で青色を示す指示薬だが，変色域は pH6.0～7.6の中性付近で，この二段階中和の中和点の判別には適さない。

テスト対策

●Na_2CO_3 水溶液と塩酸の二段階中和の反応量

⇨ 第1段階で反応する Na_2CO_3 の物質量
＝第1段階で反応する HCl の物質量
＝第2段階で反応する HCl の物質量

応用問題 ……………………… 本冊 *p.54*

149

答　エ

検討　ア；硫酸は2価の酸で，$[H^+]$ は硝酸より大きく，pH は小さい。

イ；酢酸は弱酸，塩酸は強酸で，$[H^+]$ は酢酸のほうが小さく，pH は大きい。

ウ；水の電離によって $[H^+] = 1.0 \times 10^{-7}$ mol/L の水素イオンが生成しているので，うすめても pH が7より大きくなることはない。

エ；アンモニアは弱塩基，水酸化ナトリウムは強塩基であり，$[H^+]$ はアンモニアのほうが大きく，pH は小さい。

オ；pH は11になる。

150

答　(1) 2　(2) 12

検討　(1)希塩酸に含まれる H^+ の物質量は，

$$0.050 \times \frac{600}{1000} = 0.030\,\text{mol}$$

水酸化ナトリウム水溶液に含まれる OH^- の物質量は，

$$0.050 \times \frac{400}{1000} = 0.020\,\text{mol}$$

中和されずに残った H^+ の物質量は，

$$0.030 - 0.020 = 0.010 = 1.0 \times 10^{-2}\,\text{mol}$$

混合後の溶液の体積は1000mL（1 L）であるから，$[H^+] = 1.0 \times 10^{-2}$ mol/L

よって，pH = 2

(2)中和されずに残った OH^- の物質量は，

$$0.10 \times \frac{55}{1000} - 0.10 \times \frac{45}{1000} = 1.0 \times 10^{-3}\,\text{mol}$$

混合後の溶液の OH^- のモル濃度は，

$$[OH^-] = 1.0 \times 10^{-3} \times \frac{1000}{45 + 55} = 1.0 \times 10^{-2}\,\text{mol/L}$$

$[H^+]$ と $[OH^-]$ の関係図より，

$$[H^+] = 1.0 \times 10^{-12}\,\text{mol/L}$$

よって，pH = 12

151

答　イ

検討　0.20 mol/L の希塩酸100.0 mL に，0.20 mol/L の水酸化ナトリウム水溶液99.9 mL 加えたとすると，残った HCl の物質量は，

$$0.20 \times \frac{100.0 - 99.9}{1000} = 2.0 \times 10^{-5}\,\text{mol}$$

HCl は1価の強酸であり，電離度が1なので，

$$[H^+] = 2.0 \times 10^{-5} \times \frac{1000}{100.0 + 99.9}$$
$$\fallingdotseq 1.0 \times 10^{-4}\,\text{mol/L}$$

よって，pH = 4

152

答　カ

検討　水酸化ナトリウムは1価の強塩基である。

a；滴下量が10 mLで中和し，中和点のpHが7より大きいので，**a**は1価の弱酸 ➡ 酢酸。
b；滴下量が20 mLで中和し，中和点のpHが7であるから，**b**は2価の強酸 ➡ 硫酸。

153

答　(1) イ　(2) ウ，中和点が塩基性側にあるので，変色域が塩基性側にある指示薬が適しているから。

検討　(1)中和点が塩基性側によっているので弱酸と強塩基の中和である。したがってイ。
(2)変色域が塩基性である，フェノールフタレインが指示薬として適当である。

テスト対策

●中和滴定の指示薬の選択

強酸と強塩基 ⇨ フェノールフタレイン
　　　　　　　またはメチルオレンジ
強酸と弱塩基 ⇨ メチルオレンジ
弱酸と強塩基 ⇨ フェノールフタレイン

答　**0.80 g**

検討　塩酸20 mLまでの反応は，

$NaOH + HCl \longrightarrow NaCl + H_2O$
$Na_2CO_3 + HCl \longrightarrow NaHCO_3 + NaCl$ … i

塩酸20 mL～30 mLの反応は，

$NaHCO_3 + HCl \longrightarrow NaCl + CO_2 + H_2O$ … ii

　i 式より，反応したNa_2CO_3と生成した$NaHCO_3$の物質量が等しく，またii式より，反応した$NaHCO_3$とHClの物質量が等しいことがわかる。よって，Na_2CO_3の物質量は，ii式で反応したHClの物質量と等しいので，

$$0.20 \times \frac{30-20}{1000} = 2.0 \times 10^{-3}\,\text{mol}$$

炭酸ナトリウムの式量はNa_2CO_3 ＝106.0より，モル質量は106 g/mol。
よって，Na_2CO_3の質量は，

$$106\,\text{g/mol} \times 2.0 \times 10^{-3}\,\text{mol} = 0.212\,\text{g}$$

NaOHの質量は，0.292 g －0.212 g＝0.080 g
もとのNaOHの質量はこの10倍の0.80 g。

14　塩の性質

基本問題　本冊 *p.57*

155

答　(1) $BaSO_4$　(2) NH_4Cl　(3) Na_2CO_3　(4) $CuSO_4$　(5) $MgCl_2$　(6) $CuCl_2$

検討　(1)酸＋塩基の反応である。

$H_2SO_4 + Ba(OH)_2 \longrightarrow BaSO_4 + 2H_2O$

(2)酸＋塩基の反応である。

$NH_3 + HCl \longrightarrow NH_4Cl$

(3)塩基＋酸性酸化物の反応である。

$2NaOH + CO_2 \longrightarrow Na_2CO_3 + H_2O$

(4)塩基性酸化物＋酸の反応である。

$CuO + H_2SO_4 \longrightarrow CuSO_4 + H_2O$

(5)金属＋酸の反応である。

$Mg + 2HCl \longrightarrow MgCl_2 + H_2$

(6)金属単体＋非金属単体の反応である。

$Cu + Cl_2 \longrightarrow CuCl_2$

答　(1) **a**；$H_2SO_4 + 2NaOH \longrightarrow Na_2SO_4 + 2H_2O$
b；$H_2SO_4 + NaOH \longrightarrow NaHSO_4 + H_2O$
(2) **a**；$H_3PO_4 + 3NaOH \longrightarrow Na_3PO_4 + 3H_2O$
b；$H_3PO_4 + 2NaOH \longrightarrow Na_2HPO_4 + 2H_2O$
$H_3PO_4 + NaOH \longrightarrow NaH_2PO_4 + H_2O$
(3) **a**；$2NaCl + H_2SO_4 \longrightarrow Na_2SO_4 + 2HCl$
b；$NaCl + H_2SO_4 \longrightarrow NaHSO_4 + HCl$

検討　(1)(3)硫酸は次のように2段階に電離する。

$H_2SO_4 \longrightarrow H^+ + HSO_4^-$
$HSO_4^- \longrightarrow H^+ + SO_4^{2-}$

(2)リン酸は次のように3段階に電離する。

$H_3PO_4 \longrightarrow H^+ + H_2PO_4^-$
$H_2PO_4^- \longrightarrow H^+ + HPO_4^{2-}$
$HPO_4^{2-} \longrightarrow H^+ + PO_4^{3-}$

答　(1) **B**　(2) **A**　(3) **A**　(4) **C**　(5) **A**　(6) **B**　(7) **B**　(8) **C**　(9) **A**

検討　H^+になるHを含む塩が酸性塩，OH^-に

なる OH を含む塩が塩基性塩，これらを含まない塩が正塩である。NH_4Cl や CH_3COONa は H^+ になる H を含まないから正塩である。

158

答　(1) 酸性　(2) 塩基性　(3) 酸性
(4) ほぼ中性　(5) ほぼ中性　(6) 塩基性

検討　(1) HCl と NH_3 からなる塩 ➡ 酸性。
(2) H_2CO_3 と NaOH からなる塩 ➡ 塩基性。
(3) H_2SO_4 と $Cu(OH)_2$ からなる塩 ➡ 酸性。
(4) HNO_3 と KOH からなる塩 ➡ ほぼ中性。
(5) H_2SO_4 と NaOH からなる塩 ➡ ほぼ中性。
(6) CH_3COOH と NaOH からなる塩 ➡ 塩基性。

テスト対策

●正塩の水溶液の性質

強酸と強塩基からなる塩 ⇨ ほぼ中性
強酸と弱塩基からなる塩 ⇨ 酸性
弱酸と強塩基からなる塩 ⇨ 塩基性

159

答　ア；電離　イ；小さ　ウ；水
エ；水酸化物　オ；H_2O　カ；OH^-
キ；水素　ク；塩基

検討　酢酸ナトリウムは，水溶液中でほぼ完全に次のように電離する。

$$CH_3COONa \longrightarrow CH_3COO^- + Na^+$$

酢酸 CH_3COOH は電離度が小さい。すなわち，酢酸分子が安定であるので，酢酸イオン CH_3COO^- の一部は，次のように水と反応して酢酸分子となり，このとき水酸化物イオン OH^- が生成する。

$$CH_3COO^- + H_2O \rightleftarrows CH_3COOH + OH^-$$

OH^- が生成するので塩基性を示す。このような反応を**塩の加水分解**という。

160

答　(1) B　(2) D　(3) A　(4) A
(5) C

検討　それぞれの遊離反応の形は次の通り。

弱酸の遊離；
弱酸の塩＋強酸 ⟶ 強酸の塩＋弱酸

弱塩基の遊離；
弱塩基の塩＋強塩基
⟶ 強塩基の塩＋弱塩基

揮発性の酸の遊離；
揮発性の酸の塩＋不揮発性の酸
⟶ 不揮発性の酸の塩＋揮発性の酸

(1)弱塩基の塩(NH_4Cl)に強塩基($Ca(OH)_2$)を加えて弱塩基(NH_3)が生じているので，弱塩基の遊離。
(2)塩(Na_2CO_3)と酸性酸化物(SiO_2)の反応であり，A，B，C 以外の反応。
(3)弱酸の塩($CaCO_3$)に強酸(HCl)を加えて弱酸(CO_2)が生じているので，弱酸の遊離。
(4)弱酸の塩(FeS)に強酸(H_2SO_4)を加えて弱酸(H_2S)が生じているので，弱酸の遊離。
(5)揮発性の酸の塩(NaCl)に不揮発性の酸(H_2SO_4)を加えて揮発性の酸(HCl)が生じているので，揮発性の酸の遊離。

テスト対策

●揮発性 ⇨ 常温で気体になりやすい性質。
●揮発性の酸 ⇨ 塩酸 HCl，硝酸 HNO_3
●不揮発性の酸 ⇨ 硫酸 H_2SO_4

応用問題

本冊 p.58

161

答　(1) エ　(2) イ　(3) カ　(4) オ
(5) ア　(6) ウ

検討　正塩は，$CuSO_4$(イ)，KNO_3(エ)，Na_2CO_3(カ)。
$CuSO_4$ は強酸と弱塩基からなる塩 ➡ 酸性。
KNO_3 は強酸と強塩基からなる塩 ➡ ほぼ中性。
Na_2CO_3 は弱酸と強塩基からなる塩 ➡ 塩基性。
酸性塩は $NaHCO_3$(ア)，$KHSO_4$(オ)。
$NaHCO_3$ は電離で生じる HCO_3^- が加水分解して OH^- を生じる ➡ 塩基性。

$$HCO_3^- + H_2O \rightleftarrows H_2CO_3 + OH^-$$

$KHSO_4$ は電離で生じる HSO_4^- がさらに電離

してH^+を生じる ➡ 酸性。

$$HSO_4^- \rightleftarrows H^+ + SO_4^{2-}$$

塩基性塩は MgCl(OH)(**ウ**)。

> **テスト対策**
>
> **●酸性塩の水溶液の性質**
>
> $NaHSO_4$，$KHSO_4$ ⇨ **酸性**
> ⇨ HSO_4^-は電離してH^+を生じる
> $NaHCO_3$ ⇨ **塩基性**
> ⇨ HCO_3^-は加水分解してOH^-を生じる

答　ウ＞ア＞イ＞エ

検討　ア・ウ；$NaHCO_3$とNa_2CO_3はいずれも塩基性であるが，酸由来のHが残っている数が多いほど水溶液の性質は酸性によっていく。

➡ 塩基性の強さ　$Na_2CO_3 > NaHCO_3$

イ；K_2SO_4は強酸と強塩基からなる正塩 ➡ ほぼ中性

エ；NH_4Clは強酸と弱塩基からなる正塩 ➡ 酸性

塩基性が強いほどpHが大きく，酸性が強いほどpHが小さい。

答　⑤

検討　① HClは1価の酸，$Ba(OH)_2$は2価の塩基であるから塩基性。

② KCl水溶液はほぼ中性，Na_2CO_3水溶液は塩基性。これらは混合しても反応しないので塩基性。

③ H_2SO_4は2価の強酸，NaOHは1価の強塩基で，濃度が硫酸の2倍ある。したがって，過不足なく中和反応が起こり，強酸と強塩基の塩であるNa_2SO_4の水溶液となっているため，ほぼ中性。

④ $Na_2CO_3 + HCl \longrightarrow NaCl + NaHCO_3$… i

より，中性を示すNaClと塩基性を示す$NaHCO_3$を生じるので，塩基性。

$Na_2CO_3 + 2HCl \longrightarrow 2NaCl + CO_2 + H_2O$

の反応は2段階で起こり，i式の反応が完了してから次のii式，

$NaHCO_3 + HCl \longrightarrow NaCl + CO_2 + H_2O$…ii

が起こる。そのため，等量のNa_2CO_3とHClの反応の場合，i式の反応だけが起こる点に注意する。

⑤ $CH_3COONa + HCl \longrightarrow NaCl + CH_3COOH$

より，混合溶液は酸性。これは弱酸の塩であるCH_3COONaに強酸のHClを加えると，弱酸のCH_3COOHが発生する**弱酸の遊離**である。

答　(1) ②，⑤　　(2) ③，⑦

検討　① $CuSO_4$は酸性，CH_3COONaは塩基性。

②どちらも酸性。

③ CaOは金属の酸化物で，塩基性酸化物であり，次のように水と反応し塩基性を示す。

$$CaO + H_2O \longrightarrow Ca(OH)_2$$

どちらも塩基性。

④ $NaHSO_4$は酸性。

Na_2Oは金属の酸化物で，塩基性酸化物であり，次のように水と反応し塩基性を示す。

$$Na_2O + H_2O \longrightarrow 2NaOH$$

⑤ SO_2は非金属の酸化物で，酸性酸化物であり，次のように水と反応し酸性を示す。

$$SO_2 + H_2O \rightleftarrows H^+ + HSO_3^-$$

どちらも酸性。

⑥どちらもほぼ中性。

⑦どちらも塩基性。

⑧亜硫酸H_2SO_3は弱酸であるため，Na_2SO_3は塩基性。$FeCl_3$は酸性。

答　(1) ア；アンモニウムイオン，
イ；塩化物イオン，ウ；酸または弱酸

(2) $NH_4^+ + H_2O \rightleftarrows H_3O^+ + NH_3$

検討　強酸と弱塩基の塩である塩化アンモニウムNH_4Clは水溶液中でほぼ完全に電離する。

$$NH_4Cl \longrightarrow NH_4^+ + Cl^-$$

塩化物イオンCl^-はイオンのままで水溶液中に存在するが，アンモニウムイオンNH_4^+の一部は水分子と反応し，オキソニウムイオン

を生じながらアンモニア分子になる。

$NH_4^+ + H_2O \rightleftarrows H_3O^+ + NH_3$

この H_3O^+ により，水溶液は弱酸性を示す。

答　(1) ×

(2) $Na_2CO_3 + 2HCl \longrightarrow 2NaCl + CO_2 + H_2O$

(3) $K_2O + 2HNO_3 \longrightarrow 2KNO_3 + H_2O$

(4) $(NH_4)_2SO_4 + 2NaOH \longrightarrow Na_2SO_4 + 2NH_3 + 2H_2O$

検討　(1) $CaSO_4$ は不揮発性の強酸の塩，HCl は揮発性の強酸であり，反応しない。

(2) Na_2CO_3 は弱酸の塩，HCl は強酸であり，弱酸の遊離が起こる。

(3) K_2O は金属の酸化物で塩基性酸化物，HNO_3 は強酸であり，反応して塩を生じる。

(4) $(NH_4)_2SO_4$ は弱塩基の塩，NaOH は強塩基なので弱塩基の遊離が起こる。

15 酸化と還元

基本問題 ･････････････････････ 本冊 *p.61*

167

答　ア；O_2　イ；酸化　ウ；電子　エ；e^-　オ；還元

テスト対策

●電子の授受と酸化・還元

電子を失った ⇨ 酸化された
電子を受け取った ⇨ 還元された

答　(1) 0　(2) −2　(3) +3
(4) +2　(5) +6　(6) +5　(7) +2
(8) +3　(9) +3　(10) +7　(11) +2
(12) −2　(13) −3　(14) +6　(15) +5

検討　(1)単体であるから0。

(2) $(+1)\times 2 + x = 0$　$\therefore x = -2$

(3) $x \times 2 + (-2)\times 3 = 0$　$\therefore x = +3$

(4) $MgCl_2$ の酸は HCl より，Cl の酸化数は −1。

$x + (-1)\times 2 = 0$　$\therefore x = +2$

(5) $(+1)\times 2 + x + (-2)\times 4 = 0$　$\therefore x = +6$

(6) $(+1) + x + (-2)\times 3 = 0$　$\therefore x = +5$

(7) $Cu(NO_3)_2$ の酸は HNO_3 より NO_3 の酸化数は −1。

$x + (-1)\times 2 = 0$　$\therefore x = +2$

(8) $Fe_2(SO_4)_3$ の酸は H_2SO_4 より SO_4 の酸化数は −2。

$x \times 2 + (-2)\times 3 = 0$　$\therefore x = +3$

(9) $x + (-2+1)\times 3 = 0$　$\therefore x = +3$

(10) $(+1) + x + (-2)\times 4 = 0$　$\therefore x = +7$

(11)イオンの電荷より +2

(12)イオンの電荷より −2

(13) $x + (+1)\times 4 = +1$　$\therefore x = -3$

(14) $x \times 2 + (-2)\times 7 = -2$　$\therefore x = +6$

(15) $x + (-2)\times 4 = -3$　$\therefore x = +5$

テスト対策

●酸化数の求め方

単体 ⇨ 0
単原子イオン ⇨ 電荷
化合物 ⇨ Na，K，H を +1，O を −2 とし，合計を 0 とする。
多原子イオン ⇨ 合計を電荷とする。

169

答　(1) R　(2) O　(3) R　(4) O
(5) N　(6) R　(7) N　(8) O
(9) R　(10) N

検討　無機物質は酸化数の増減，有機化合物は O・H の増減に着目する。

(1) I；0 ⟶ −1 ➡ 還元された

(2) S；−2 ⟶ 0 ➡ 酸化された

(3) Mn；+4 ⟶ +2 ➡ 還元された

(4) Fe；+2 ⟶ +3 ➡ 酸化された

(5) S；+6のまま ➡ いずれでもない

(6) Cr；+6 ⟶ +3 ➡ 還元された

(7) Cr；+6のまま ➡ いずれでもない

(8) H が減少。➡ 酸化された

(9) Oが減少。➡還元された

(10) H(化合物中の酸化数＋1)が2個減少し，O(化合物中の酸化数－2)が1個減少しているので，酸化数の変化は相殺されていると考えられる。➡いずれでもない

テスト対策

●酸化・還元の判別

・無機物質 ⇨ 酸化数の増減

酸化数が { 増加 ⇨ 酸化された / 減少 ⇨ 還元された

・有機化合物 ⇨ O・Hの増減

H_2O(H ×2，O ×1)が増減

⇨ 酸化も還元もされていない

170

答 ③

検討 酸化数の変化のある原子が存在する反応が酸化還元反応である。単体が関係する①(Cl_2)，②(Cl_2，I_2)，④(Cu)は酸化還元反応。③の反応は酸化数の変化がない。

⑤ではHgとSnの酸化数が変化している。

Hg；＋2 ⟶ ＋1，Sn；＋2 ⟶ ＋4

テスト対策

●単体が関係(反応・生成)している反応

⇨ 酸化還元反応

応用問題 ●●●●●●●●●●●●●●●●●●● 本冊 p.62

171

答 オ＞ア＞イ＞ウ＞カ＞エ

検討 下線部の原子の酸化数xを求めると，

ア；$x \times 2 + (-2) \times 7 = -2$　∴ $x = +6$

イ；$(+1) + x + (-2) \times 3 = 0$　∴ $x = +5$

ウ；$x + (-2) \times 2 = 0$　∴ $x = +4$

エ；H_2SO_4からわかるようにSO_4は2価の陰イオンだから－2。よって＋2。

オ；$x + (-2) \times 4 = -1$　∴ $x = +7$

カ；$x + (-2+1) \times 3 = 0$　∴ $x = +3$

172

答 ③，⑦

検討 Sの酸化数が減少した反応を選ぶ。

①②変化なし

③＋6 ⟶ ＋4

④変化なし

⑤＋4 ⟶ ＋6

⑥変化なし

⑦＋4 ⟶ 0

173

答 酸化された原子，還元された原子の順

② Sn，Cr　⑤ I，Cu　⑥ S，Cl

検討 酸化数が増加した原子が酸化された原子，酸化数が減少した原子が還元された原子である。酸化数の変化は次の通りである。

② Sn；＋2 ⟶ ＋4，Cr；＋6 ⟶ ＋3

⑤ I；－1 ⟶ 0，Cu；＋2 ⟶ ＋1

⑥ S；＋4 ⟶ ＋6，Cl；0 ⟶ －1

174

答 ① **d**　② **b**

検討 ①金属原子の酸化数が減少する反応を選ぶ。**a**・**c**・**e**は酸化還元反応ではない。**b**と**d**の金属原子の酸化数の変化は，

b　Zn；0 ⟶ ＋2

d　Mn；＋4 ⟶ ＋2　よって，**d**。

②発生する気体は，**a**がHCl，**b**がH_2，**c**がCO_2，**d**がCl_2，**e**がH_2S。

b　H；＋1 ⟶ 0

d　Cl；－1 ⟶ 0

したがって，還元されてできた気体は**b**。

16 酸化剤と還元剤

基本問題 ●●●●●●●●●●●●●●●●●●● 本冊 p.65

175

答 ア；－1　イ；0　ウ；酸化

エ；還元　オ；0　カ；－1

キ；還元　ク；酸化

検討　酸化剤は，相手の物質を酸化する物質であり，自身は還元される物質である。還元剤は，相手の物質を還元する物質であり，自身は酸化される物質である。

テスト対策

●酸化剤と還元剤

酸化剤 ⇨ 相手を酸化(自身は還元される)
⇨ 還元されやすい物質

還元剤 ⇨ 相手を還元(自身は酸化される)
⇨ 酸化されやすい物質

176

答　(1) R　(2) R　(3) O　(4) O
(5) R　(6) R

検討　(1) Cu；0 ⟶ +2 ➡ 還元剤
(2) I；−1 ⟶ 0 ➡ 還元剤
(3) Cl；0 ⟶ −1 ➡ 酸化剤
(4) Mn；+4 ⟶ +2 ➡ 酸化剤
(5) Mg；0 ⟶ +2 ➡ 還元剤
(6) Fe；+2 ⟶ +3 ➡ 還元剤

テスト対策

●酸化剤・還元剤の見分け方

酸化剤として作用 ⇨ 還元された
⇨ 酸化数が減少した原子を含む。

還元剤として作用 ⇨ 酸化された
⇨ 酸化数が増加した原子を含む。

177

答　(1) $Cr_2O_7^{2-} + 6I^- + 14H^+$
$\longrightarrow 2Cr^{3+} + 3I_2 + 7H_2O$

(2) KI；**1.2 mol**，I_2；**0.60 mol**

検討　(1) i 式と ii 式の電子 e^- を消去するために，i 式＋ii 式×3　とする。

(2) $Cr_2O_7^{2-}$ と I^- の係数より，求めるヨウ化カリウム KI を x〔mol〕とすると，

$1:6 = 0.20:x$　　∴ $x = 1.2$mol

ii 式の係数より，生成したヨウ素 I_2 を y〔mol〕とすると，

$1.2:y = 2:1$　　∴ $y = 0.60$mol

[参考]酸化剤のはたらきを大きくするために，溶液を酸性にする。そのとき，通常は硫酸を用いる(硫酸酸性)。

応用問題

本冊 p.66

178

答　(1) ③，⑤　(2) ① H_2SO_4
② O_2　④ Cl_2

検討　(1)酸化数の変化しない反応。単体が関係している①，②，④は酸化還元反応である。

(2)酸化剤として作用した物質は，酸化数が減少した原子を含む物質である。

① H_2SO_4 の H；+1 ⟶ 0
② O_2 の O；0 ⟶ −2
④ Cl_2 の Cl；0 ⟶ −1

179

答　(1) **a**；②，+4 ⟶ +6
b；①，+4 ⟶ 0
(2) **a**；②，−1 ⟶ −2
b；③，−1 ⟶ 0
(3) $KMnO_4 > H_2O_2 > SO_2 > H_2S$

検討　(1) **a**；S の酸化数の増加している反応。
b；S の酸化数の減少している反応。
(2) **a**；O の酸化数の減少している反応。
b；O の酸化数の増加している反応。
(3)酸化剤としての強さ；①式より $SO_2 > H_2S$，②式より $H_2O_2 > SO_2$，③式より $KMnO_4 > H_2O_2$。

180

答　(1) ① −2　② 0　③ −1
(2) ① 還元剤　② 酸化剤
(3) $H_2O_2 + 2H^+ + 2e^- \longrightarrow 2H_2O$
(4) $2KMnO_4 + 5H_2O_2 + 3H_2SO_4$
$\longrightarrow K_2SO_4 + 2MnSO_4 + 8H_2O + 5O_2$

検討　(2)① Mn；+7 ⟶ +2 より，過マンガン酸カリウムは酸化剤として作用している

ので，過酸化水素は還元剤として作用している。よって $H_2O_2 \longrightarrow O_2$ より，O の酸化数は $-1 \longrightarrow 0$（$H_2O_2 \longrightarrow H_2O$ ではない）。
② O；$-1 \longrightarrow -2$ より，過酸化水素は酸化剤として作用している。
(4) $KMnO_4$ の K^+，硫酸 H_2SO_4 の SO_4^{2-} が省略されているので，**A** 式の係数に合わせて $2K^+$，$3SO_4^{2-}$ を補う。反応後，Mn^{2+} と K^+ は SO_4^{2-} と硫酸塩 $MnSO_4$，K_2SO_4 をつくる。

181

答 (1) ア；5　イ；6　ウ；2　エ；2

(2) ① $2MnO_4^- + 16H^+ + 10I^-$
$\longrightarrow 2Mn^{2+} + 8H_2O + 5I_2$

② $2MnO_4^- + 5SO_2 + 2H_2O$
$\longrightarrow 2Mn^{2+} + 5SO_4^{2-} + 4H^+$

③ $Cr_2O_7^{2-} + 3SO_2 + 2H^+$
$\longrightarrow 2Cr^{3+} + 3SO_4^{2-} + H_2O$

(3) 6 mol

検討 (1)両辺の電荷の和を互いに等しくする。
(2)酸化剤と還元剤の各反応式の電子を消去するように，2つの式を合計する。
① ⅰ式×2＋ⅳ式×5
② ⅰ式×2＋ⅲ式×5
③ ⅱ式＋ⅲ式×3
(3)ⅱ式＋ⅳ式×3より，
$Cr_2O_7^{2-} + 6I^- + 14H^+$
$\longrightarrow 2Cr^{3+} + 3I_2 + 7H_2O$
よって，$K_2Cr_2O_7$ と KIの物質量比は1：6。

182

答 (1) $2MnO_4^- + 6H^+ + 5(COOH)_2$
$\longrightarrow 2Mn^{2+} + 8H_2O + 10CO_2$

(2) 0.750 mol/L　(3) 672 mL

検討 (1)(上式)×2＋(下式)×5
(2)反応した $KMnO_4$（MnO_4^-）の物質量は，
$$\frac{0.400 \times 15.0}{1000} = 6.00 \times 10^{-3}\,\text{mol}$$
シュウ酸水溶液の濃度を x〔mol/L〕とすると，$(COOH)_2$ の物質量は，
$$\frac{x \times 20.0}{1000} = 2.00x \times 10^{-2}\,\text{〔mol〕}$$
(1)の反応式より，$KMnO_4$ 2 mol と $(COOH)_2$ 5 mol が反応するから，
$6.00 \times 10^{-3} : 2.00x \times 10^{-2} = 2 : 5$
$\therefore x = 0.750\,\text{mol/L}$
(3)(1)の反応式の係数比より，$KMnO_4$ 1 mol から CO_2 5 mol 発生するから，発生する CO_2 の体積（標準状態）は，
$22.4 \times 10^3 \times 6.00 \times 10^{-3} \times 5 = 672\,\text{mL}$

17 金属の反応性

基本問題 ……………………… 本冊 p.68

183

答 C ＞ A ＞ B

検討 B^+（イオン）＋ A（単体） $\longrightarrow$ B（単体）＋ A^+（イオン）より，イオン化傾向は A ＞ B。
C^+（イオン）＋ A（単体） $\longrightarrow$ 変化なし　より，イオン化傾向は C ＞ A。よって，C ＞ A ＞ B

テスト対策
●イオン化傾向 A ＞ B（A，B は金属）
B^+（イオン）＋ A（単体）
$\longrightarrow$ A^+（イオン）＋ B（単体）
A^+（イオン）＋ B（単体） $\longrightarrow$ 変化しない

184

答 ③

検討 ①イオン化傾向が Pb ＞ Ag より，
$2Ag^+ + Pb \longrightarrow Pb^{2+} + 2Ag$
②イオン化傾向が Fe ＞ Cu　より，
$Cu^{2+} + Fe \longrightarrow Fe^{2+} + Cu$
③イオン化傾向が Zn ＞ Ag より，反応しない。
④イオン化傾向が Fe ＞ H_2　より，
$2H^+ + Fe \longrightarrow Fe^{2+} + H_2\uparrow$

185

答 (1) Ca, Na　(2) Zn, Fe　(3) Ag, Cu
(4) Pt，Au

検討　イオン化傾向の大きい金属ほど反応性が大きい。

テスト対策

●イオン化傾向と金属の反応

①常温の水と反応 ⇨ Li，K，Ca，Na

②希酸（塩酸・希硫酸）と反応

⇨ 水素よりイオン化傾向が大きい。

⇨ Pb は塩酸・希硫酸と反応しにくい。

③硝酸・熱濃硫酸と反応 ⇨ Cu，Hg，Ag

④王水のみと反応 ⇨ Pt，Au

応用問題

本冊 p.69

答　B ＞ A ＞ D ＞ E ＞ C

検討　①より，イオン化傾向は B が最も大きい。
②より，A と D はイオン化傾向が水素より大きく，C と E は水素より小さい。
③より，イオン化傾向は C が最も小さい。
④より，A と D のイオン化傾向は A ＞ D。
以上から，B ＞ A ＞ D ＞ E ＞ C となる。

187

答　(1) 還元　(2) ① **金属**；Na，Ca

反応式；$2Na + 2H_2O \longrightarrow 2NaOH + H_2$，
$Ca + 2H_2O \longrightarrow Ca(OH)_2 + H_2$

② **金属**；Fe，Zn

反応式；$Fe + 2HCl \longrightarrow FeCl_2 + H_2$，
$Zn + 2HCl \longrightarrow ZnCl_2 + H_2$　③ Cu，Ag

検討　(1)たとえば $Na \longrightarrow Na^+ + e^-$ のように，金属は陽イオンになりやすく，電子を与えるので還元剤。
(2)①イオン化傾向の大きい Na と Ca。
②水素よりイオン化傾向が大きく，希塩酸と反応するのは Fe と Zn。
③水素よりイオン化傾向が小さく，硝酸と反応するのは Cu と Ag。

18 電池

基本問題

本冊 p.71

答　(1) ア，エ　(2) ウ

検討　(1)2種類の金属を電解質水溶液中に入れると，電池が形成され，イオン化傾向の大きいほうの金属が負極，小さいほうの金属が正極となる。イオン化傾向が A ＜ B の組み合わせを選ぶ。
ア；イオン化傾向は Fe(A) ＜ Zn(B)。
エ；イオン化傾向は Cu(A) ＜ Sn(B)。
(2)一般に，イオン化傾向の差が大きい組み合わせほど両金属間の電圧が大きくなる。

テスト対策

●電池の形成と正極・負極

①電池の形成 ⇨ 電解質水溶液に2種類の金属を入れる。

② 正極 ⇨ イオン化傾向の小さいほうの金属
　 負極 ⇨ イオン化傾向の大きいほうの金属

答　(1) Cu　(2) →（Zn から Cu）
(3) イ；$ZnSO_4$，ウ；$CuSO_4$　(4) イ
(5) $Zn + Cu^{2+} \longrightarrow Zn^{2+} + Cu$

検討　(1)イオン化傾向の小さいほうが正極。
(2)電子は，導線を負極（Zn 板）から正極（Cu 板）へ流れる。
(4)電子やイオンが通過できないものは不適当である。
(5) $Zn \longrightarrow Zn^{2+} + 2e^-$ と $Cu^{2+} + 2e^- \longrightarrow Cu$ を加えたイオン反応式。

答　ア，ウ

検討　ア；希硫酸中に，鉛 Pb と酸化鉛(Ⅳ) PbO_2 を対立させて入れた構造である。

ウ；放電によって希硫酸の濃度は減少する。

テスト対策

●鉛蓄電池を放電(充電)させると，
⇨両極の質量が増加(減少)する。
⇨電解液の濃度が減少(増加)する。

応用問題

本冊 *p.72*

答　(1) エ　(2) ウ　(3) エ

検討　(1)負極では，Zn^{2+} の濃度が小さいほうが $Zn \longrightarrow Zn^{2+} + 2e^-$ の反応が進行しやすい。また，正極では，Cu^{2+} の濃度が大きいほうが $Cu^{2+} + 2e^- \longrightarrow Cu$ の反応が進行しやすい。

(2)充電によって，各極に生成した $PbSO_4$ がそれぞれ Pb，PbO_2 と変化し，電解液には H_2SO_4 が増加して密度が大きくなる。

(3)ボルタ電池は，放電すると起電力が急激に低下し，安定した電圧は取り出せない。

192

答　(1) ア，ウ，オ　(2) エ　(3) イ，オ　(4) イ　(5) ウ　(6) エ　(7) ア　(8) オ

検討　(1)ダニエル電池，マンガン乾電池，ボルタ電池の負極は亜鉛である。

(2)燃料電池は正極が酸素，負極が水素である。

(3)鉛蓄電池とボルタ電池の電解液は希硫酸である。

(4)鉛蓄電池は放電によって，両極に硫酸鉛(Ⅱ)が析出し，両極とも重くなる。

(5)マンガン乾電池では Zn^{2+} が錯イオンなどに変化する。

(6)燃料電池の全反応は，$2H_2 + O_2 \longrightarrow 2H_2O$

(7)ダニエル電池の正極での反応は，

$Cu^{2+} + 2e^- \longrightarrow Cu$

(8)ボルタ電池は，放電すると，すぐ両極間の電圧が低下する。

19 金属の製錬と電気分解

基本問題

本冊 *p.74*

答　ア；赤鉄鉱　イ；磁鉄鉱　ウ；銑鉄　エ；鋼

検討　赤鉄鉱 Fe_2O_3 には3価の鉄イオン Fe^{3+} が含まれており，磁鉄鉱 Fe_3O_4 には3価と2価の2種類の鉄イオン Fe^{3+}，Fe^{2+} が含まれている。炭素の含有量が比較的多い銑鉄は硬くてもろく，炭素の含有量が比較的少ない鋼は硬くてねばり強い。

答　イ，ウ

検討　ア；**製錬**は，鉱石中の金属化合物を還元して金属単体を取り出すこと。金属の純度を高める操作は**精錬**という。

イ；銅は酸化物よりも硫化物をつくりやすく，黄銅鉱 $CuFeS_2$ は成分元素に硫黄 S を含む。

ウ；黄銅鉱 $CuFeS_2$ にケイ砂，石灰石などを加えて溶鉱炉で強熱すると，硫化銅(I) Cu_2S が得られる。この硫化銅(I)を転炉に移して空気を吹き込みながら強熱すると，純度約99%の粗銅が得られる。

エ；**溶融塩電解**は，加熱融解した塩を電気分解する操作で，アルミニウムなどのイオン化傾向が大きい金属の塩から金属の単体を得る方法。粗銅から純度99.99%以上の純銅を得るには，**電解精錬**を行う。電解精錬は，電気分解によって金属の純度を高める操作。

答　(1) **0.100 mol**　(2) 酸素，**0.560 L**

検討　(1)陰極には Ag^+，陽極には NO_3^- が引きつけられるので，陰極では Ag^+ が還元されて銀の単体が析出し，陽極では水が酸化されて酸素が発生する。

陰極；$Ag^+ + e^- \longrightarrow Ag$　…i

陽極；$2H_2O \longrightarrow O_2 + 4H^+ + 4e^-$ …ii

i式より，銀1molが生じるとき電子は1mol流れているので，流れた電子の物質量は，

$$\frac{10.8\,\mathrm{g}}{108\,\mathrm{g/mol}} = 0.100\,\mathrm{mol}$$

(2) ii式より，電子4molが流れると酸素1molが発生するので，生じた気体の体積は，

$$22.4\,\mathrm{L/mol} \times 0.100\,\mathrm{mol} \times \frac{1}{4} = 0.560\,\mathrm{L}$$

応用問題

本冊 p.75

答 (1) ア；CO，イ；CO_2

(2) **a**；3，**b**；3，**c**；+3，**d**；+2，**e**；0，**f**；+4

検討 (1)コークスCの燃焼によって生じる炭素の酸化物はCOとCO_2の2種類。CO_2は炭素の完全燃焼によって生じ，これ以上酸化されないので，還元剤にはならない。したがって，Fe_2O_3を還元する還元剤として適当なのはCO。

(2) **a**，**b**；CO1分子につき，Fe_2O_3からOを1つ奪ってCO_2となるので，CO3分子がFe_2O_3の3つのOを奪って$CO_2$3分子となる。

答 イ

検討 ア；AlはH_2よりもイオン化傾向が大きく酸化されやすいため，逆に，Al^{3+}の還元によるAlの析出よりもH^+やH_2Oの還元によるH_2の発生のほうが起こりやすい。正しい。

イ；アルミニウムの鉱石であるボーキサイトの主成分は$Al_2O_3 \cdot nH_2O$で，これを精製したものがアルミナAl_2O_3である。アルミナは純粋な酸化アルミニウムの別名で，鉱石のボーキサイトとは別の物質。誤り。

ウ；アルミナの融点は非常に高いため，氷晶石を加熱融解したものにアルミナを溶かすことで融解しやすくしている。正しい。

エ；アルミニウムをリサイクルでつくるときに必要なエネルギーは，鉱石から新たにつくるときに必要なエネルギーのおよそ3%と非常に小さく，エネルギーの節約になる。

20 化学と身のまわりの物質

基本問題

本冊 p.77

答 (1) ウ　(2) エ　(3) イ

検討 (1)イオン化傾向が小さい金や白金は，化合物をつくりにくいので，単体として天然に存在している。

(2)アルミニウムは酸素との結びつきが強いため単体を得にくく，溶融塩電解によるアルミニウムの工業的製法(ホール・エルー法)が開発されたのは，1886年。

(3)われわれが利用している金属の約90%が鉄である。

答 (1) マイクロプラスチック

(2) 海に流れたプラスチックを口にした海の生物の体内にプラスチックが蓄積され，生態系に影響を与える。

(3) 生分解性プラスチック　(4) イ

検討 (4)使用後のプラスチックを分別回収し，リサイクルできるものはリサイクルすることで，資源の有効活用や，CO_2排出量の削減などにつながる。

応用問題

本冊 p.77

答 (1) 都市鉱山　(2) ア

検討 (2)アルミニウムのリサイクルに必要な電力量は，鉱石から製錬するときに必要な電力量の約3%なので，

$$\frac{3}{100} = 0.03倍$$

201

答 ウ

検討 「酸化されにくい」ということは，空気中で変化しにくく分解されにくいことを示す。これによって，**プラスチックは廃棄されても分解されず，地球上に蓄積されていく**ことになり，「酸化されにくい」とは地球環境上好ましくない最大の性質である。

21 化学とその利用

基本問題　本冊 *p.79*

202

答 ア

検討 浄水場では，おもに，

①ろ過による不純物の除去

②酸化還元反応による有機物の分解や殺菌

③中和反応による pH の調整

などの科学技術が利用されている。

その他にも，細かな異物を電気的な引力を利用して集めて沈殿させて取り除く技術なども利用されている。

203

答 ⑴ ウ　⑵ ア　⑶ エ　⑷ イ

検討 ⑴シリカゲルはケイ酸 $SiO_2 \cdot nH_2O$ を加熱脱水して得られる。多孔質であり，表面に水や気体を吸着するので，乾燥剤として用いられる。

⑵鉄粉は酸素と反応して酸素を除く，脱酸素剤に利用される。

⑶ビタミンC(アスコルビン酸)は酸素と反応しやすく，摂取による毒性が低いため，食品に直接添加される酸化防止剤として利用される。

⑷食品の腐敗は，カビや細菌の繁殖によって起こるため，これらの生育を抑制する保存料が用いられる。

応用問題　本冊 *p.79*

204

答 ア；ビタミンC(アスコルビン酸)

イ；鉄　ウ；還元　エ；酸化

オ；アルミニウム

検討 食品の酸化防止に使用されるビタミンC(アスコルビン酸)や鉄は還元剤で，自身は酸化されやすいため，食品のかわりに酸化されることで食品の酸化を防いでいる。

また，ポテトチップスなどの包装は，酸素や水蒸気，光などの遮断性を高めるために，プラスチックにアルミニウムを付着させたフィルムを用いている。

205

答 ⑴ エ，オ　⑵ ア，カ　⑶ イ，ウ

検討 ⑴エ；セッケンは，弱酸である脂肪酸（－COOH を含む化合物）と強塩基である水酸化ナトリウムからなる塩で，水溶液は塩基性を示す。

オ；セッケンは硬水中に含まれている Ca^{2+}，Mg^{2+} と反応して沈殿する。

⑵ア；合成洗剤は，石油が原料の1つである。

カ；合成洗剤の水溶液は中性を示し，絹や羊毛を傷めない。

⑶イ；ともに NaOH 水溶液を加えて塩とする。

ウ；ともに親油性である長い炭化水素基と，親水性である電離部分をもち，油汚れを水に混じらせて洗浄作用を示す。

テスト対策

●セッケンと合成洗剤の比較

	セッケン	合成洗剤
はたらき	ともに界面活性剤	
水溶液	塩基性 ⇨ 絹・羊毛に不適	ほぼ中性 ⇨ 絹・羊毛に適する
硬　水	沈殿する ⇨ 硬水で能力低下	沈殿しない ⇨ 硬水でも洗濯可能